點子出版
IDEA PUBLICATION

圖解

香港燒賣

HONG KONG SIUMAIPEDIA

◆ Author ◆

香港燒賣關注組

於 2020 年開始關注香港燒賣，尤其着重街頭燒賣。關注組致力召集各界燒賣同好，並同時密切監察本港燒賣質素和價格走勢，期望街頭燒賣繼續發光發亮。

香港燒賣關注組
hksiumaiconcerngroup
MeWe 香港燒賣關注組

點子編輯室

主要由三位小編組成，身兼撰文者、設計師、插畫師、採訪者及資料搜集人員，只要和「書」相關，幾乎甚麼都願意做。平日最愛認真研究別人眼中的「無聊嘢」。

點子出版 Idea Publication
idea_publication
MeWe 點子出版 Idea Publication

香港燒賣關注組

HONG KONG SIUMAI CONCERN GROUP

美食是一地的歷史、氣候、文化的結晶，就像德國有 Currywurst、墨西哥有 Taco、美國有漢堡包，這些小食都成為該地區的身分認同。大眾對這些「國民美食」的欣賞漸漸溢出了味道層面，衍生出各種專門的書籍和資料，探討這些小食和自身的關係，成為一個了解自己族群的過程。2020 年我們「香港燒賣關注組」專頁開始運作，原本以為只是朋友間的小眾玩意，怎料迅速聚集了超過十萬位熱愛燒賣的「會友」，足見燒賣在香港人心中亦有同等的崇高地位。

我們對燒賣的欣賞，雖從口腹之慾而起，但絕對不止於此。燒賣陪伴了我們走過各種時刻，當中蘊含的文化和故事，足以令燒賣昇華成我們共同的身分認同。專頁聚集的人越來越多，我們了解燒賣的慾望則越加濃厚，就趁這個機會整理一下燒賣的前世今生，結集成書吧。

在資料蒐集的過程中，讀到陳榮先生 1955 年的著作《中國點心》，至今不過六七十年，竟然有些燒賣在香港已告失傳。劉健威先生曾在《信報》專欄寫道「可惜的是，味道不似繪畫，可由博物館保存下來，思之惘然」，我們以當代的視角回看那些已經消失褪色的燒賣，亦覺份外惋惜。燒賣是種充滿活力的食物，在這百多年間演變迅速，成功跨越了不同場域、不同口味、不同歷史時空，並且不斷在進化。

沒有人知道未來燒賣會變成怎樣，所以我們特別希望以 2020 年的視角，為各種燒賣做個客觀而且全面的紀錄，訪尋這種美食從何而來，又將會朝著甚麼趨勢發展。燒賣的故事，彷彿就是香港的寫照。看完這本書之後，你也可以自豪地說：「香港有燒賣」。 P.S. 多謝一直支持「香港燒賣關注組」專頁的會友，希望你們喜歡這本書。

序

點子編輯室

IDEA EDITORIAL & DESIGN TEAM

世界上有不同的料理，背後都蘊藏深厚的文化，在飲食的書架上，有各式各樣的專門書，有咖啡的，有威士忌的，有甜品的，也有世界各地的料理，怎麼不可以有「香港燒賣」的？最初在網上無意間發現「香港燒賣關注組」，想不到竟有人專門關注香港燒賣，認真做別人眼中的無聊事。然而認真久了，發掘更多的角度、更深層的意義，就不再無聊，成為別人眼中的有趣。

用一分鐘就吃完的燒賣，花的可能是職人一整天的心血、多年來的功力，以至背後上千年的歷史。在《圖解香港燒賣》這本書，你可以看見燒賣的不同模樣：先是它的食材及製作過程，我們親身採訪了製作燒賣的職人，目睹一粒燒賣由零到有所花費的功夫和時間；接着香港燒賣關注組搜集了燒賣的歷史文化，反映出它的演變與存在價值；之後可一覽插畫師的精選圖鑑，展示了燒賣的花樣款式；最後還收錄了職人們的理念、創新料理的食譜以及街頭選店的食評。

當中關乎人的故事，總是難忘，也教人回味。因為開始了做這本書，我們遇上了燒賣皇后的老闆，體會到他對飲食的敬業，執着於自家製作，追求最好的味道；也遇上了延記點心的兩兄妹，年輕的新血繼承了傳統工藝，創出雞髀肉做的燒賣，味道令人感動；還遇上了佛記麵粉廠的老闆，堅守香港製造多年，對經營別有一番看法。因為遇到了他們——這些堅持不懈的職人，更有做這本書的價值。

拿着這本燒賣天書的你，將可以擁有飲食的新體驗：過往我們吃燒賣的時候總是匆匆忙忙，但自從瞭解多了，就會細味，由外到內重新感受一粒燒賣。這也是我們做書的理由，探索得愈多，感受也會愈深。

CONTENT

目錄

序 PREFACE

BEFORE EXPLORATION
香港燒賣調查組 HONG KONG SIUMAI INVESTIGATING TEAM

CHAPTER 1

解剖室 SIUMAI LABORATORY

CHAPTER 2

文化講座 SIUMAI LECTURE

目錄

CHAPTER 3
圖鑑展 SIUMAI EXHIBITION

CHAPTER 4
職人訪談 SIUMAI INTERVIEW

CHAPTER 5
廚房食譜 SIUMAI KITCHEN

CHAPTER 6
街頭選店 SIUMAI SELECTION

燒賣調查員
師兄
你喜歡吃燒賣嗎？
喜歡又了解多少？
燒賣調查員
希希

香港燒賣調查組——

HONG KONG SIUMAI INVESTIGATING TEAM

ALL ABOUT SIUMAI

Q1 燒賣為甚麼是黃色？

Q2 燒賣要蒸多久？

Q3 燒賣是用甚麼餡料？

Q4 燒賣是如何製作？

Q5 燒賣有多高？

Q6 燒賣有多少卡路里？

Q7 燒賣在哪裡？

Q8 燒賣要配甚麼醬料？

Q9 全香港每日消耗多少燒賣？

Q1 燒賣為甚麼是黃色？

黃色的燒賣皮

只加入
蛋黃的顏色

加入食用色素
的顏色

之所以是黃色，因為加入了蛋黃，但事實上蛋黃只能做到淡黃的效果。要做到市面可見的鮮黃色，一般都有加入食用色素。

為甚麼燒賣來到香港會由白演變成黃？

其中一個常見的說法是為了更好看。燒賣在北方多用紅肉，來到南方則多用白肉，若白色的肉餡再配白色皮，賣相就較失色。

更多關於燒賣的色彩
⇨ 詳見 p.38

更多關於燒賣皮
⇨ 詳見 p.34

Q2 怎樣料理燒賣？

「蒸」是最常料理燒賣的方法

在最短的時間內蒸熟燒賣，就可以避免肉汁流失。
熟餡燒賣、魚肉燒賣或素燒賣，建議 8-10 分鐘；
生餡燒賣或豬肉燒賣，建議 10-15 分鐘。

大火蒸10分鐘

TIPS
在蒸碟上先掃一層油可避免燒賣黐底。

更多關於燒賣的蒸製
⇨ 詳見 p.56

Q3 燒賣是用甚麼餡料？

最常見的燒賣餡肉有魚肉和豬肉

你可能以為魚肉燒賣只有魚肉，豬肉燒賣只有豬肉？事實上，市面不少豬肉燒賣都有加入蝦肉，而不少魚肉燒賣都有加入肥豬肉。有些更會加入香菇、墨魚肉或雞肉，更會以不同配搭出現。

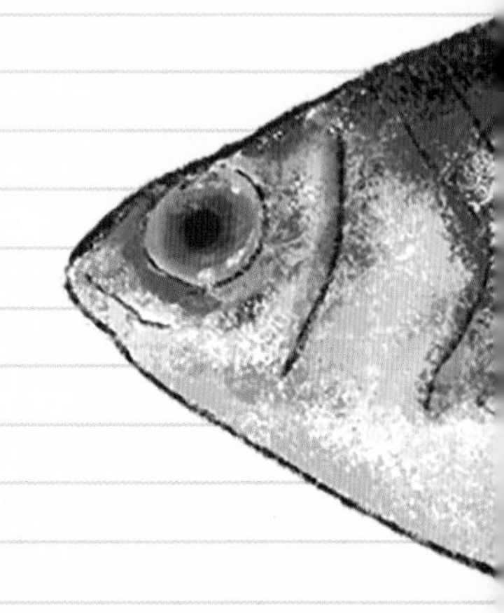

更多關於魚肉
⇨ 詳見 p.50

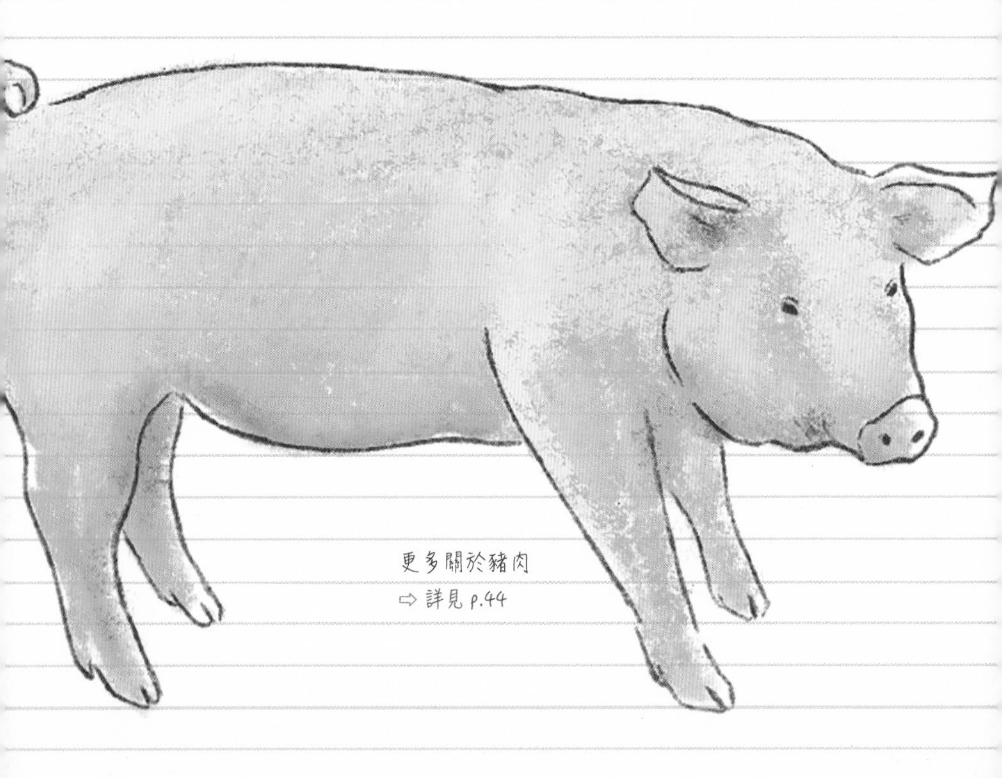

更多關於豬肉
⇨ 詳見 p.44

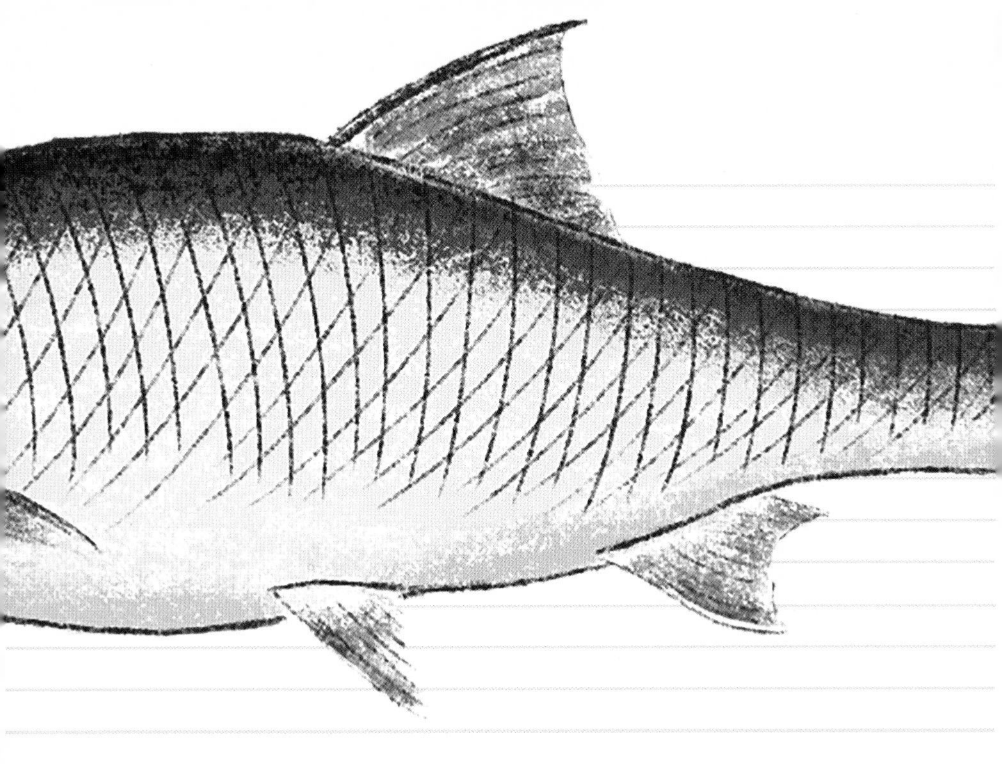

其它常見食材

更多關於牛肉

⇨ 詳見 p.46

更多關於雞肉

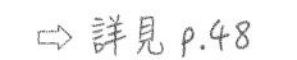

⇨ 詳見 p.48

更多關於蝦肉

⇨ 詳見 p.52

更多關於墨魚

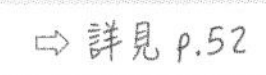

⇨ 詳見 p.52

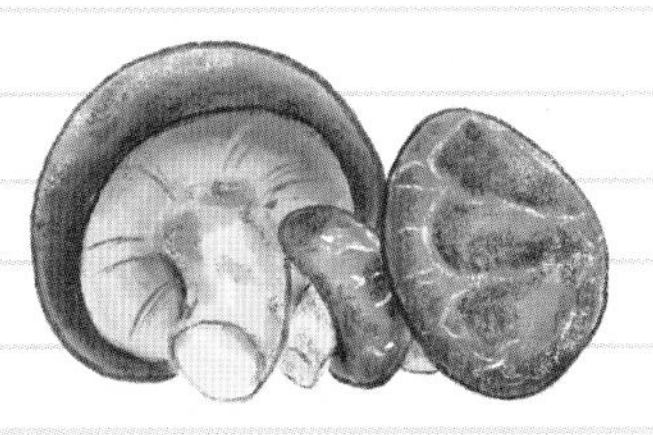

更多關於香菇

⇨ 詳見 p.53

Q4 燒賣是如何製作？

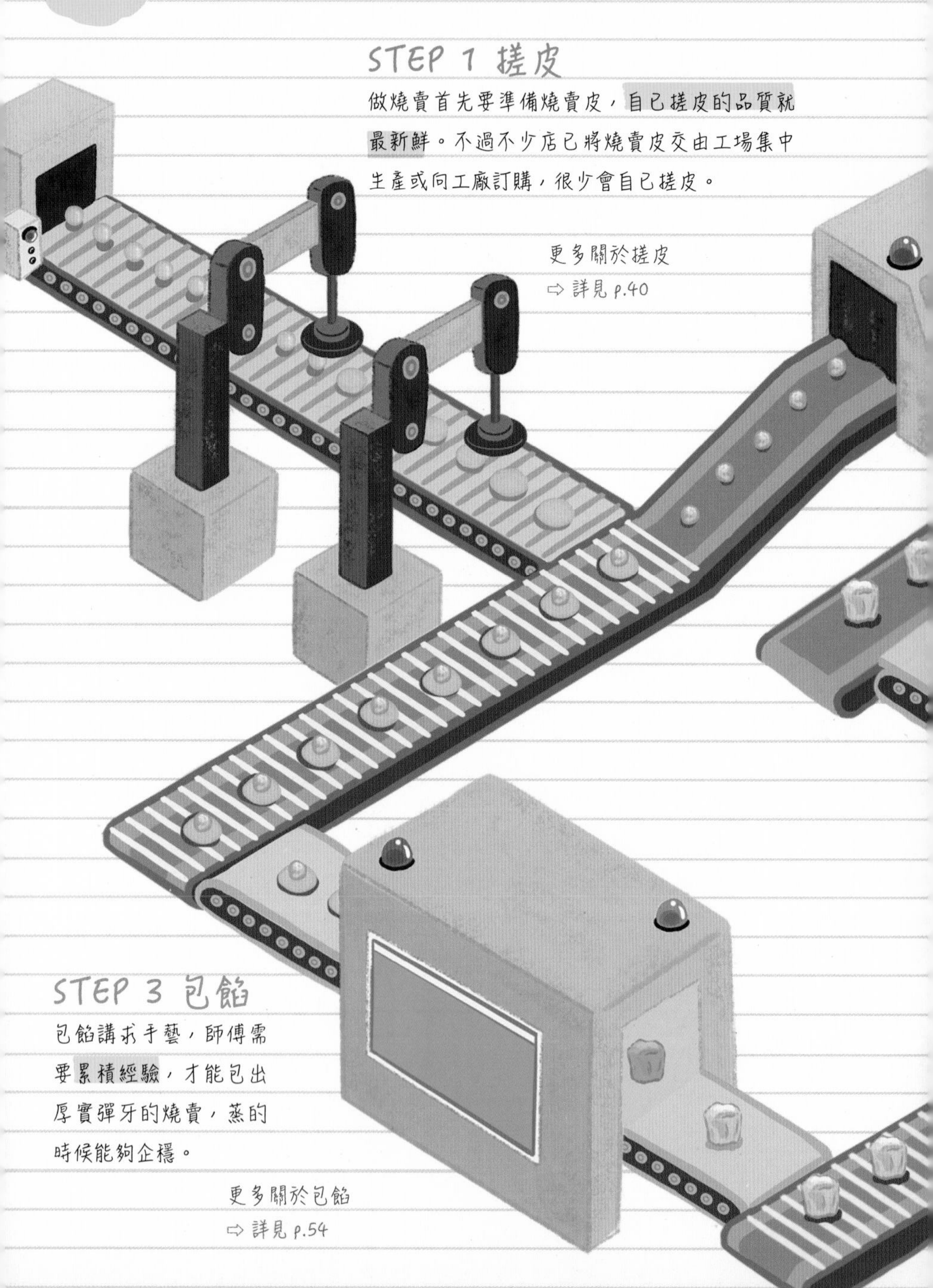

STEP 1 搓皮

做燒賣首先要準備燒賣皮，自己搓皮的品質就最新鮮。不過不少店已將燒賣皮交由工場集中生產或向工廠訂購，很少會自己搓皮。

更多關於搓皮
⇨ 詳見 p.40

STEP 3 包餡

包餡講求手藝，師傅需要累積經驗，才能包出厚實彈牙的燒賣，蒸的時候能夠企穩。

更多關於包餡
⇨ 詳見 p.54

STEP 2 製作餡料

使用不同食料就需要用不同方法處理。

大多需要切粒、搞餡。

更多關於餡料
⇨ 詳見 p.43

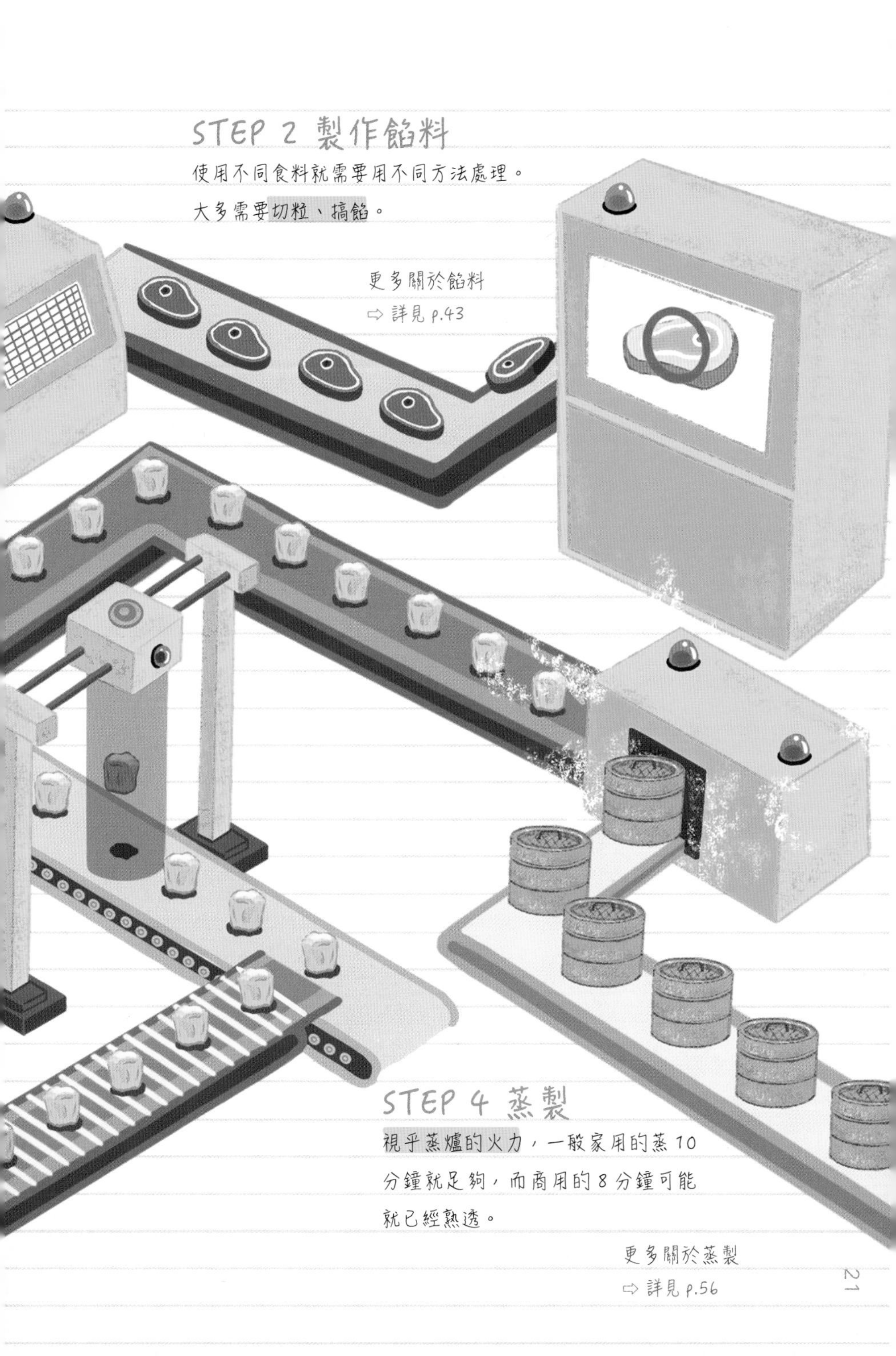

STEP 4 蒸製

視乎蒸爐的火力，一般家用的蒸 10 分鐘就足夠，而商用的 8 分鐘可能就已經熟透。

更多關於蒸製
⇨ 詳見 p.56

Q5 燒賣有多高？

他們有多少粒燒賣的高度？

燒賣一般高約

1 吋＝2.54 厘米

視乎不同的燒賣類型以及店家用料，
尺寸會稍有不同。

他們有多少粒燒賣的高度？

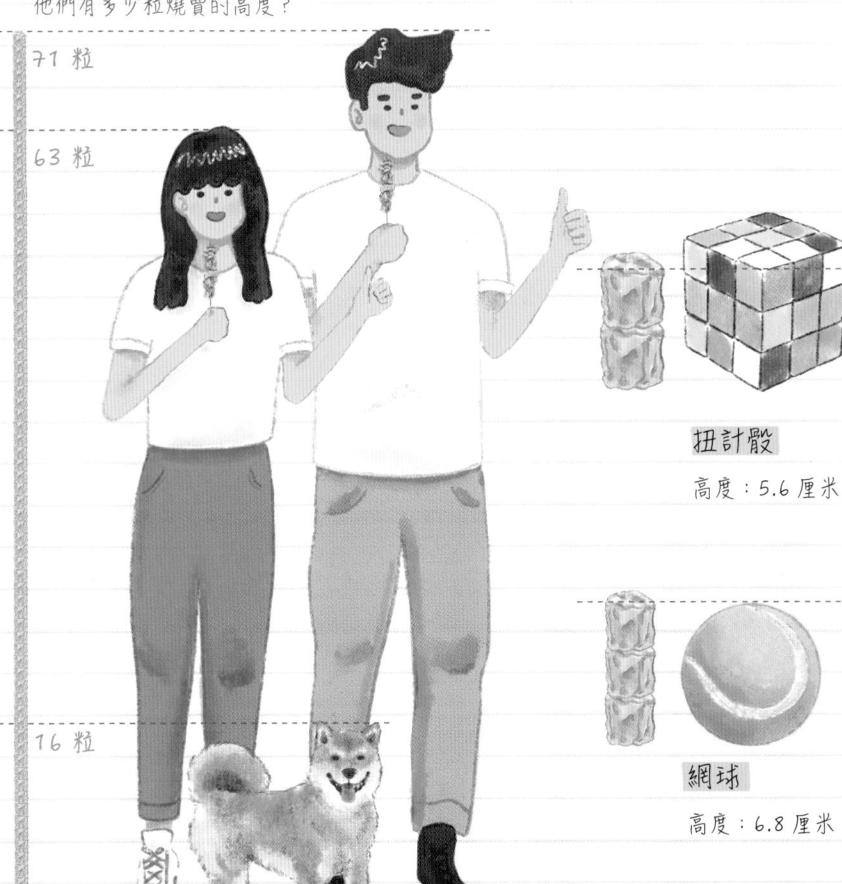

Q6 燒賣有多少卡路里？

街頭燒賣

50 卡路里

酒樓燒賣

60 卡路里

成年女性每天需要約 1600 至 1800 卡路里，
成年男性每天需要約 1800 至 2200 卡路里。

假設每天需要 1800 卡路里

在不吃其它東西的情況下，到底吃多少粒燒賣就能達標？

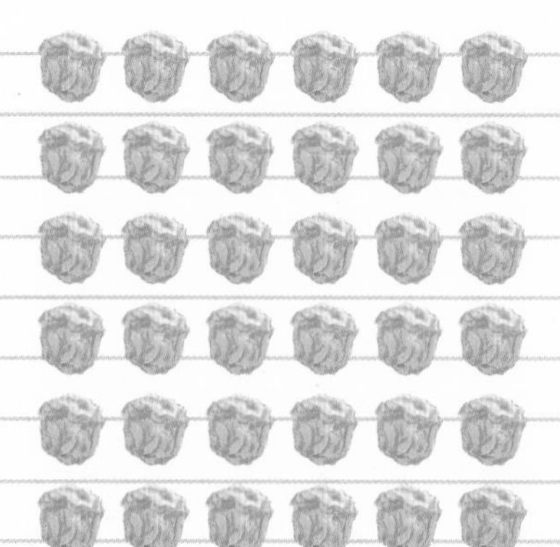

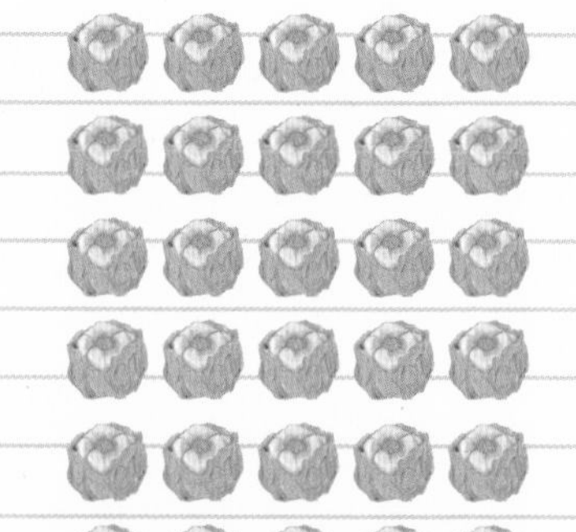

酒樓燒賣 x30

燒賣當飯吃？

吃一串街頭燒賣或
吃一籠酒樓燒賣，
就差不多等於吃了
一碗白飯。

一碗白飯

260 卡路里

一串街頭燒賣

1 串 6 粒

=300 卡路里

一籠酒樓燒賣

1 籠 4 粒

=240 卡路里

*視乎不同燒賣，卡路里的數值會有偏差。

Q7 燒賣在哪裡？

隨處可見的燒賣

- 茶樓
- 酒家
- 點心專門店
- 街頭小食店
- 學校小食部
- 涼茶舖
- 便利店
- 超級市場
- 街市
- 小販攤檔
- 食物工場
- 網店

除了這些地方，即使在家也能吃到燒賣，可以買叮叮燒賣用微波爐加熱吃，也可以買急凍燒賣回家蒸來吃。

不只在香港？

除了在香港可以見到燒賣，在日本橫濱、澳洲墨爾本，甚至在火山島留尼旺也能找到燒賣的蹤影。

更多關於海外的燒賣
⇨ 詳見 p.90

Q8 燒賣要配甚麼醬料？

首選配搭必然是豉油和辣油

這兩款也是街頭小食店最常見的醬料。

豉油

醬汁之中以豉油為首，可以提升鮮味。配搭魚肉可選甜豉油，味道香甜，口感濃厚。好的豉油能夠停留在外皮的皺摺上，無論味道還是賣相都大為加分。

辣油

香港的小食店通常都會提供辣油。有的店家會提供豆瓣辣醬，略帶酸味和糊狀的質感；有些更有麻辣口味，加入花椒八角的香氣和麻痺感，也和燒賣很合襯；更有些使用XO醬，瑤柱蝦米的鮮味齒頰留香，和魚肉鮮味相得益彰。

沙嗲醬

適合配襯炸燒賣。好的沙嗲醬花生味濃，有椰香更佳。

其它配搭的醬料

還有麻醬、甜醬、茄汁、甜酸醬、芥末醬都可以試試，最重要是配搭出個人口味。不過，如果是牛肉燒賣，不妨點一點喼汁，那簡直是絕配！

更多關於醬料
⇨ 詳見 p.000

沙律醬

適合搭配魚肉。而喜歡沙律醬的人，吃甚麼都會配沙律醬，屬邪道之選，並非人人能接受。

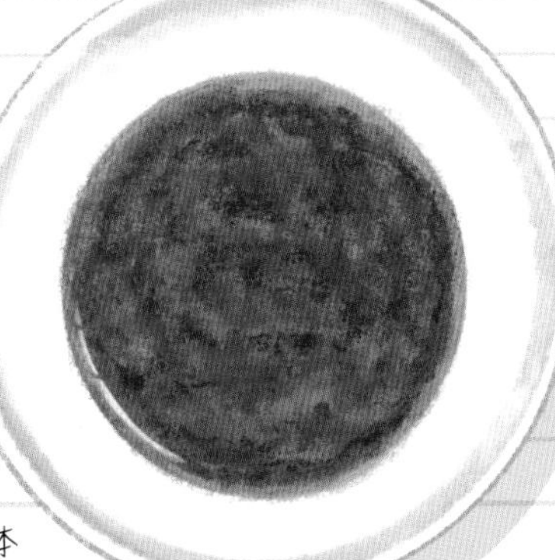

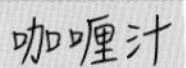

咖喱汁

可與魚蛋混在一起吃。基本上咖喱能搭配很多食物。

Q9 全港每日消耗多少燒賣？

每日都有香港人飲茶，例牌更會叫一籠燒賣；香港人更常常在街邊買燒賣，再加上叮叮燒賣或急凍燒賣等等，每日差不多就消耗 500,000 粒燒賣，甚至更多。

燒賣皮製造商跟據批發量保守估計 *

全港日賣 500,000 粒燒賣

500,000 粒燒賣
=13 公噸
=13000 公斤

即是多重？

美國短毛貓 x2600
每隻約 5 公斤

非洲象 x3
每隻約 4,000 公斤

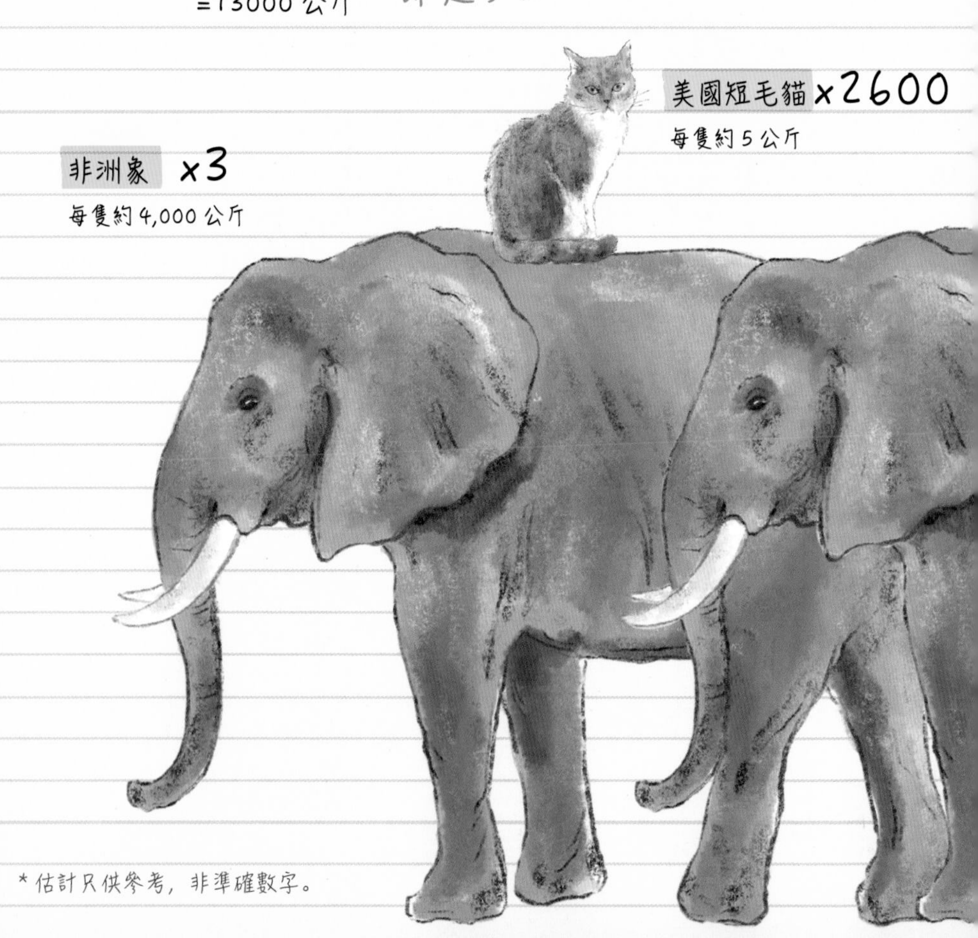

* 估計只供參考，非準確數字。

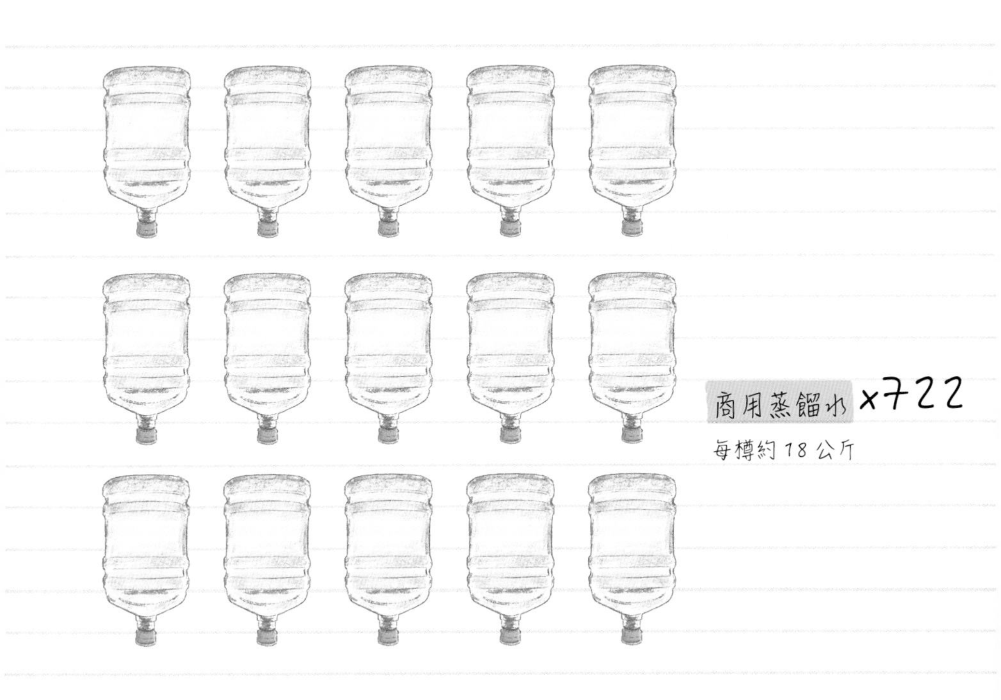

商用蒸餾水 x722

每樽約 18 公斤

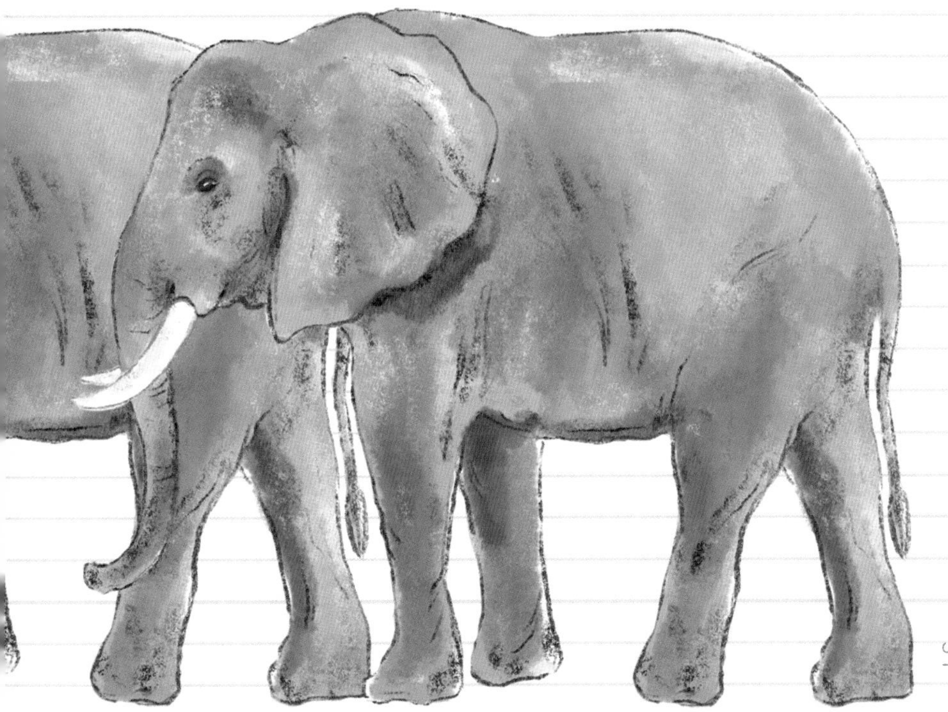

先看看怎樣為一粒
好的燒賣。
燒賣調查員
師兄
燒賣調查員
希希

解剖室

SIUMAI LABORATORY

1

麪皮

燒賣的麪皮

燒賣皮的顏色、大小、厚薄與質感，都會影響燒賣的模樣與口味，做出不同風格的燒賣。然而，到底怎樣為一塊好的燒賣皮？我們可以從它的外觀、材料及製作過程解剖分析。

解剖圖

質感
柔軟
帶韌性可稍拉長
些許濕潤

厚度
2-3 張紙巾的厚度

皮面有一層
薄薄的白色
粉末

最面層的一塊
10 秒內使用

TIPS
燒賣皮易變乾，要盡快使用，蒸出來才帶幼滑的口感。

顏色
黃
俗稱
黃皮

直徑
8-10cm

燒賣皮的主要功能，除了是美觀，還能保持燒賣的肉汁和水分，並增添煙韌口感。因應不同餡料及煮法，可調整所需的厚度和質感。

材料
INGREDIENT

1 麪粉

多用低筋麪粉，高筋麪粉則未必適用。低筋麪粉較幼細，能做出滑身的燒賣皮；相反，高筋麪粉則會令麪皮太煙韌。

2 蛋黃

製作燒賣皮的蛋黃多用鴨蛋或雞蛋。加入一般雞蛋能令燒賣皮有自然的顏色，還可令麪皮更鬆軟，有淡淡的蛋香。

3 鹼水

能增添香味，但太多就有苦澀味。有天然防腐作用，防止變色，但太多會令麪皮變灰。燒製後會有嚼勁而不易變形，沒那麼容易穿爛。

4 水 如需要

可用熱水做成燙麪。熱水會將麪筋質破壞，因此做出來的麪皮會相對柔軟，也較容易蒸熟。

5 生粉 如需要

皮面加層薄薄的生粉可防止燒賣皮與皮黏起。不過生粉過多會影響包餡，令餡與皮無法黏起。可用麪粉代替。

6 鹽 如需要

加入適量的鹽可避色乾麪團的現象，和麪團時較容易和得均勻。放蒸爐也會較香，而且麪皮也會沒有那麼容易被弄破。

7 色素 如需要

若要令燒賣皮更黃，則需要加入食用色素來調整，才有市面常見的鮮黃色。又或可使用薑黃粉代替。

麪粉

FLOUR

小麥可分成三個部分，最外層為「麥麩」，纖維多而難消化；用以發芽的為「胚芽」，則不利保存；因此要將「麥麩」與「胚芽」分離，剩下的「胚乳」就是用來製作麪粉的部分。

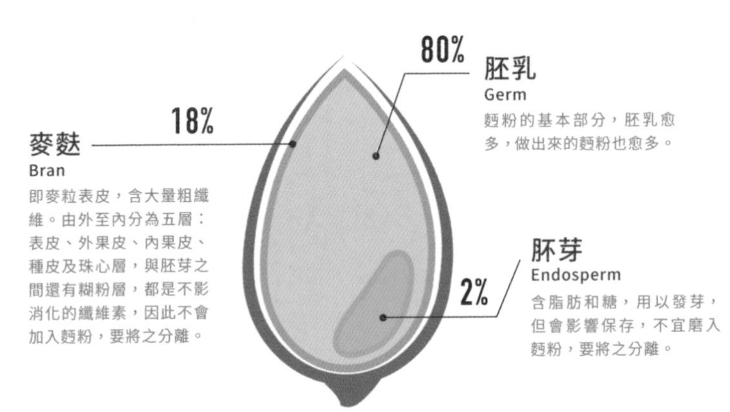

在乾旱氣候生長的小麥，相對堅硬，蛋白質較高，麪筋強而有彈性，較適合用來做厚實的麪包。相反，在潮濕氣候生長的小麥，相對柔軟，蛋白質較低，麪筋較弱，較適合用來做鬆軟的蛋糕或幼滑的燒賣皮。

台灣氣候潮濕，因此做出來的麪粉也較幼細滑溜。

麪粉決定了燒賣皮的質感。磨成的麪粉，按蛋白質含量的高低，一般主要分成三種：高筋麪粉、中筋麪粉、低筋麪粉。不同麪粉可製作不同的食物，分別可形成香、酥、鬆、軟等特性。

	蛋白質含量	適用的食物	口感
高筋麪粉 Bread Flour	高	麪包、麵條、生水餃皮	較煙韌、厚實
中筋麪粉 All Purpose Flour	中	饅頭、蒸包、水餃	適中
低筋麪粉 Cake Flour	低	蛋糕、酥皮、點心	較軟滑、鬆化

麪粉又分粉心與外緣。粉心麪粉（F1、F2）是指使用小麥中央的部分做成麪粉，蛋白質較低，但彈性較佳，能做出稍帶煙韌而又幼滑的燒賣皮。相反，外緣麪粉（F3、F4）是指使用小麥靠近外皮的部分做成麪粉，蛋白質較高，彈性較弱，相對粗糙。

選擇甚麼麪粉？

如果想做出幼滑的燒賣皮，可以使用低筋麪粉，想稍帶煙韌則選用粉心部分；如果需要多一點麥味或燒賣需放置較長時間，則可使用中筋麪粉；要做出煙韌厚實的麪皮，就用高筋麪粉。

麪粉廠也可以按用家需求調配，提供**專用麪粉**。因此疑惑用哪種麪粉時，可請教他們的專業技術人員，以調配出最適用的麪粉。

顏色

COLOUR

顏色是一種食物的語言，足以影響我們判斷一種食物是否美味。研究顯示，暖色系可以讓人心跳加速和感到肚餓，燒賣的黃色皮可以讓人感到開胃，用橙色的蟹籽點綴也是相同道理。

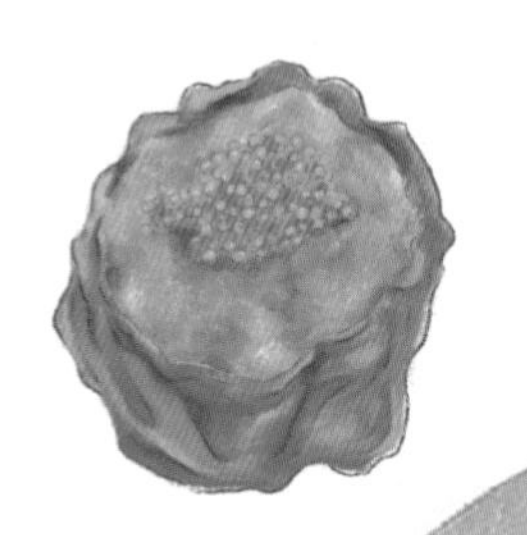

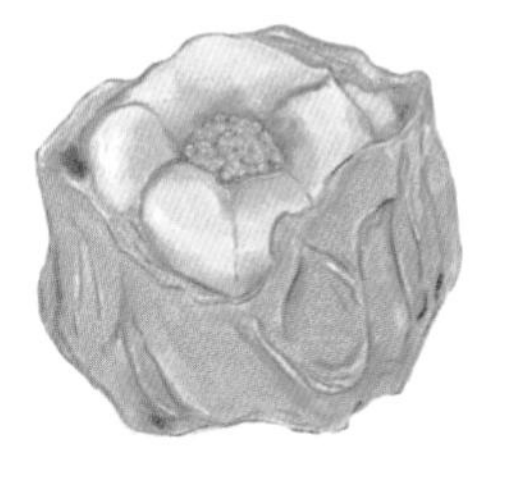

最常見的麵皮顏色

菠菜皮燒賣

加入菠菜汁等深色菜汁可以令麵皮變青綠色。

黃皮燒賣

香港常見的燒賣大多使用黃色的麵皮。

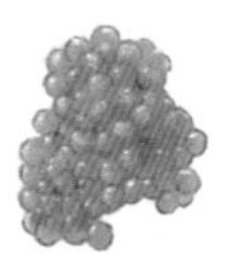

橙色蟹籽

常用於點綴。

非主流的食物顏色

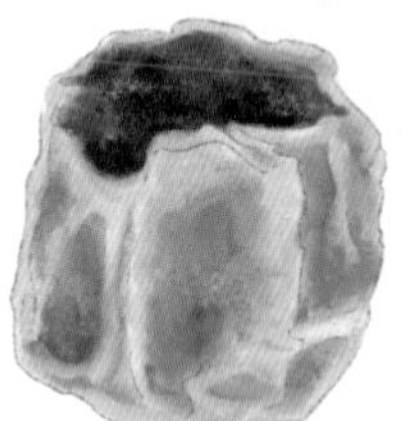

墨汁燒賣

加入墨魚的墨汁令肉餡或麵皮變黑色。

紫米燒賣

可以會用紫米代替糯米。

糯米燒賣

加入醬油令糯米變茶色。

製作
PRODUCTION

現今做燒賣皮多用機器做成，好處是厚薄均勻，大小一致，彈力較好，品質也會相對穩定，加上可縮短製作時間，也較容易操作，大大減少製作的成本，又能提供穩定的貨源。

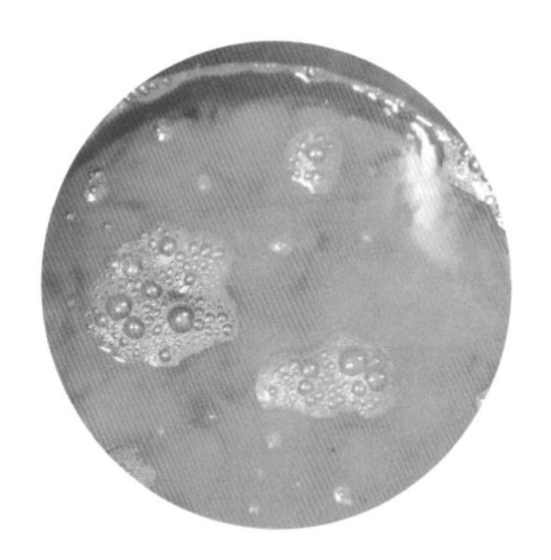

STEP 1 放入材料

將麪粉放入打粉機，加入雞蛋、鴨蛋及水，重覆攪拌。

STEP 2 製作麪糰

期間需徒手取下麪糰測試軟韌程度，重覆攪拌。

STEP 3 壓製闊度

麪糰打好，入機壓製成闊度合適的麪皮。

如果機器無法調整至很薄，需在壓製後，再用人手壓麪調整。

STEP 4 壓製厚薄

闊麪皮過機，與滾軸接合，拉壓至合適厚度。

麪皮

自家製
CRAFT

然而，一塊好的燒賣皮，是否新鮮很重要。以前的酒樓有專門的麪房即場製作燒賣皮，但製作麪皮功夫多而成本高，慢慢就被追求速度的社會淘汰，以後多半都交由工廠集中生產，燒賣皮的風格也愈漸減少。

工具

麪皮桿

開麪皮用具。可用壓麪機代替，如果壓麪機壓得不夠薄，就需要人手用桿再調整。

8-10cm
直徑

圓形模

將麪皮扱出圓形的模具。尺寸視乎要做多大粒的燒賣。想弄花巧的，可以用花邊的圓形模。

STEP 1
混合

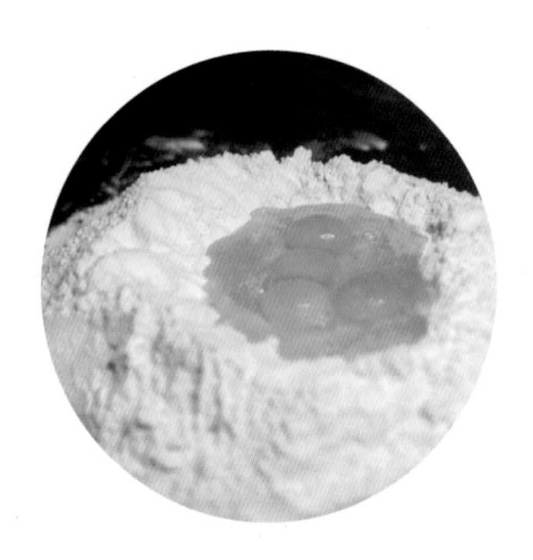

先將麪粉倒出，在正中央弄一個凹位，形成火山的形狀，再加入蛋黃，如需要可加鹽和色素。加水的話，要逐少倒，反覆搓勻令麪粉吸收。將所有材料搓成麪糰。

TIPS

最重要是搓得均勻，但搓太久則會失去彈性。另外按麪粉吸水度，可加減蛋黃或水的分量。

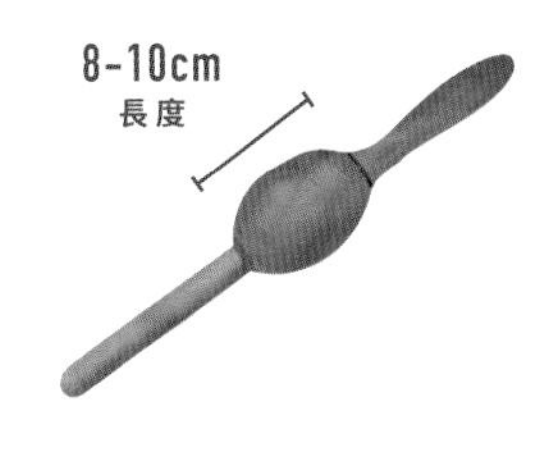

走槌

傳統開燒賣皮用具，在香港已經很少見。走槌以木棍貫穿，木棍中間穿着一個木球，約 8-10cm 長，木球中間還有個孔。使用走槌壓麪可令燒賣皮更薄。走槌的末端還可以做出波浪形的皮邊，做成北方燒賣的石榴花狀。

STEP 2
壓麪

搓成麪糰後，用麪皮桿將麪糰反覆來回拉薄至所需厚度。壓出適中的厚度能令燒賣帶點煙韌的口感。拉薄後，可灑上適量的生粉，以防止燒賣皮與皮黏起。

TIPS

太薄的話，蒸的時候易爛或變形；太厚的話，又會影響口感。如燒賣需放置較長時間，則要做厚一點。

STEP 3
切圓

用圓形模扱出燒賣皮。最後可用麪皮桿沿燒賣皮邊輕輕掭薄，使包餡時摺疊的位置不會變得太厚。

完成！

餡料

燒賣的餡料

香港最常見的燒賣有鮮蝦豬肉燒賣、牛肉燒賣及魚肉燒賣，最常見的肉類則包括豬肉、牛肉、雞肉、魚肉及蝦肉。

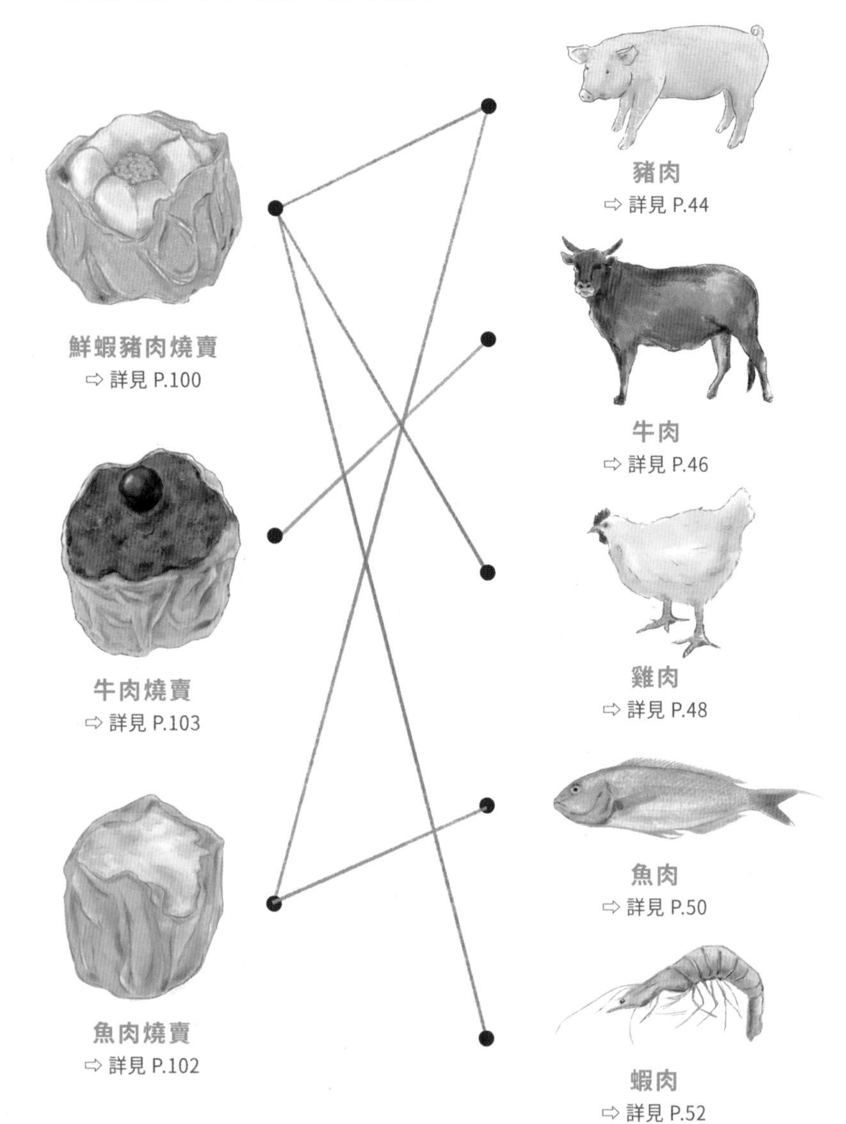

製作
PRODUCTION

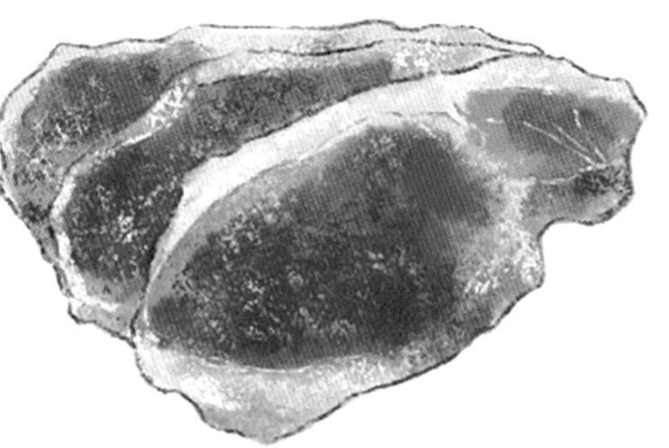

STEP 1
選肉

鮮肉的纖維有彈性，打餡才能打得爽，吃起來較有口感。

STEP 2
切粒 / 剁碎

要切得均勻，才能平均蒸熟。雖然用機械攪拌也可，但手工剁肉可避免破壞纖維，做出來的效果會較有嚼勁。

餡挑
⇨ 詳見 P.54

STEP 3
攪拌

將食材攪拌，可混合不同肉餡，也可加入適量的調味。剁碎後反覆撻打肉餡，也能增加口感。

TIPS
醃製需時，加入調味後可放入冷藏櫃；處理牛肉建議醃一晚。

餡料

豬肉
PORK

香港燒賣常用的肉餡之一，多見於酒樓的燒賣，通常配搭蝦肉製作，豬肉跟蝦肉的比例一般為 6:4、5:5 或 4:6，視乎該店採用甚麼風味。

③ 美味之選

脢頭 / 肩胛
COLLAR BUTT

脂肪分佈均勻，肉質柔軟肉筋少。味道偏濃，豬肉味最鮮明。

⑦

五花腩
BELLY

豬腩肉，位於肋骨周邊。味道濃郁，含有大量脂肪並均勻分佈。

TIPS

建議選半肥瘦的部分，去皮，太肥會過膩。可先用豉油及紅燒汁炆製，再切粒與糯米煮，做成肥美的糯米燒賣。

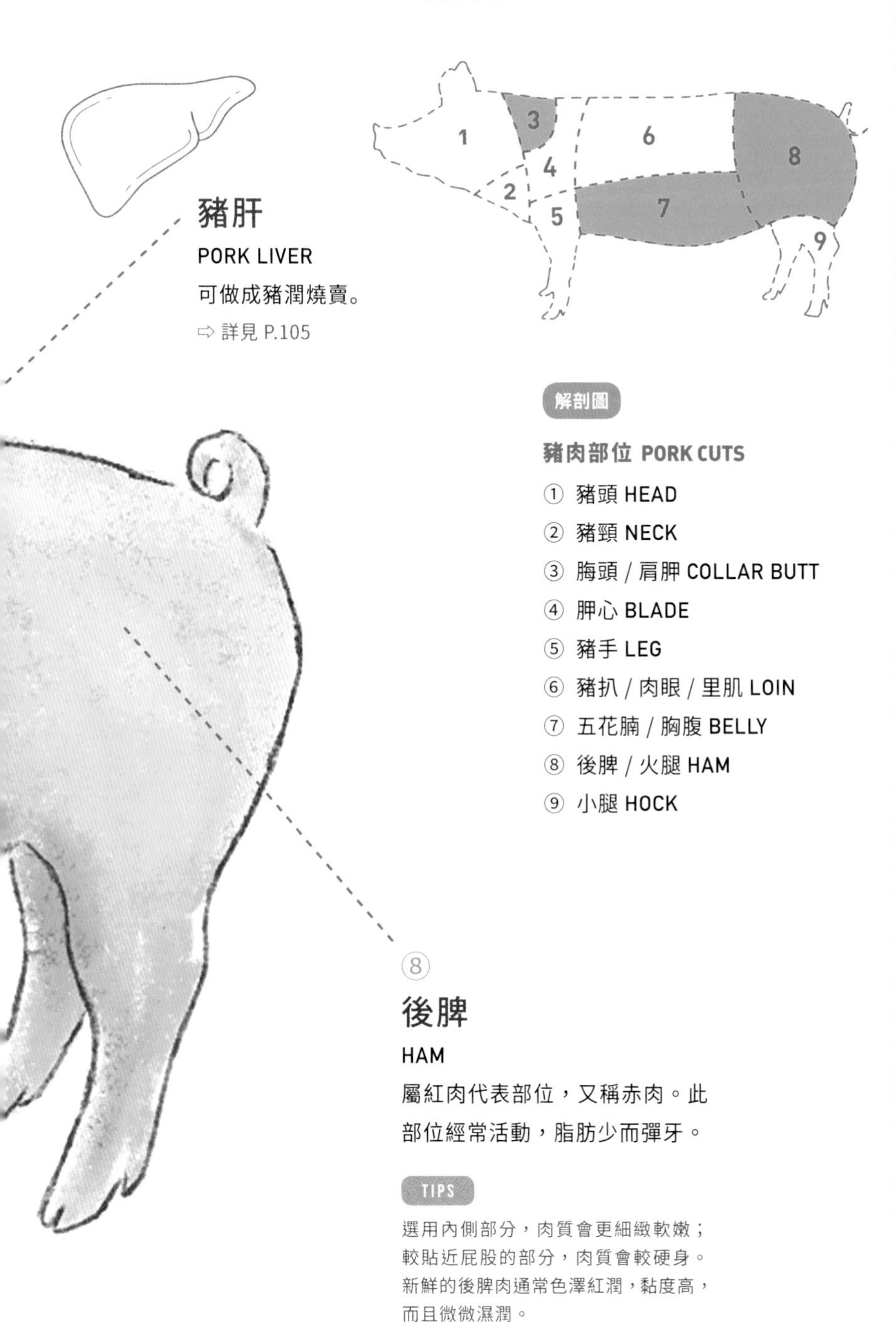

豬肝

PORK LIVER

可做成豬潤燒賣。

⇨ 詳見 P.105

解剖圖

豬肉部位 PORK CUTS

① 豬頭 HEAD
② 豬頸 NECK
③ 脢頭 / 肩胛 COLLAR BUTT
④ 胛心 BLADE
⑤ 豬手 LEG
⑥ 豬扒 / 肉眼 / 里肌 LOIN
⑦ 五花腩 / 胸腹 BELLY
⑧ 後腓 / 火腿 HAM
⑨ 小腿 HOCK

⑧

後腓

HAM

屬紅肉代表部位，又稱赤肉。此部位經常活動，脂肪少而彈牙。

TIPS

選用內側部分，肉質會更細緻軟嫩；較貼近屁股的部分，肉質會較硬身。新鮮的後腓肉通常色澤紅潤，黏度高，而且微微濕潤。

餡料

牛肉

BEEF

用於牛肉燒賣，可選擇肌肉較多的部分，肉質較結實，肉味濃縮在筋的周邊，絞碎後能做出香濃的肉餡。

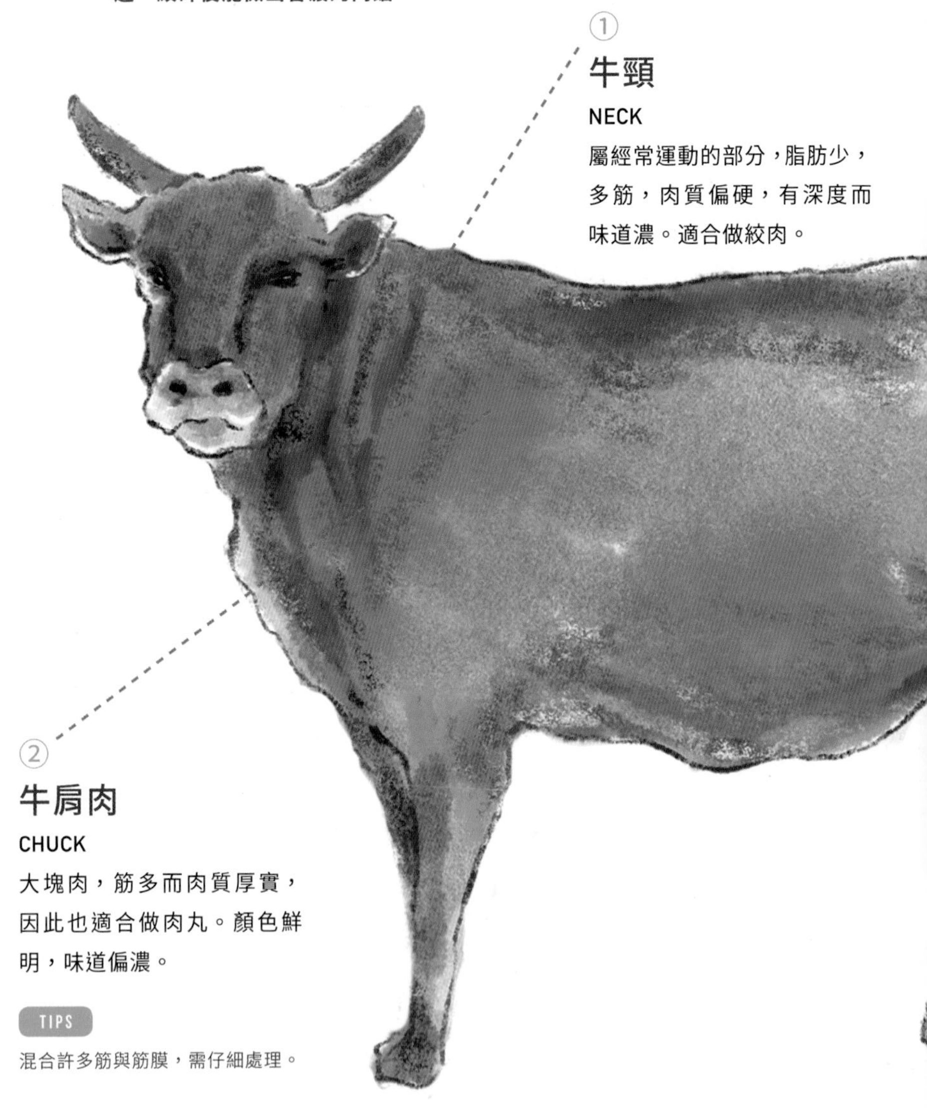

①

牛頸

NECK

屬經常運動的部分，脂肪少，多筋，肉質偏硬，有深度而味道濃。適合做絞肉。

②

牛肩肉

CHUCK

大塊肉，筋多而肉質厚實，因此也適合做肉丸。顏色鮮明，味道偏濃。

TIPS

混合許多筋與筋膜，需仔細處理。

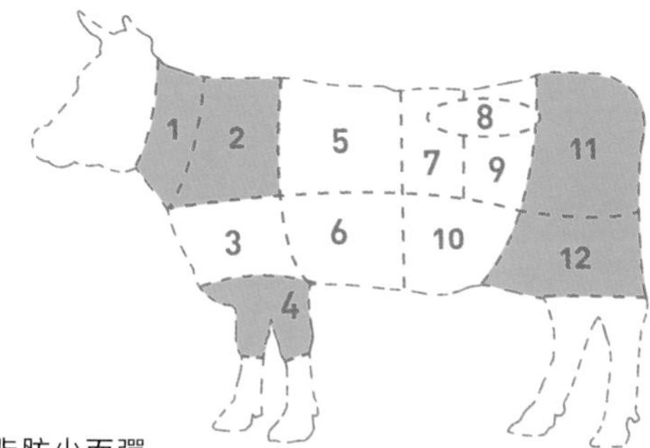

⑪ 美味之選

牛冧

ROUND

屬經常運動的部分，脂肪少而彈牙，纖維粗肉質偏硬，肉味濃。

TIPS

先起筋，令口感更順滑，然後可切條攪碎，醃一晚後才做成燒賣，蒸出來就會脹卜卜。

解剖圖

牛肉部位 BEEF CUTS

① 牛頸 NECK
② 牛肩胛 CHUCK
③ 牛胸腩 BRISKET
④ 牛前腱 / 牛腰 SHANK
⑤ 肋眼 RIB
⑥ 牛五花 / 胸腹 PLATE
⑦ 前腰脊 SHORT LOIN
⑧ 菲力 TENDERLOIN
⑨ 沙朗 SIRLOIN
⑩ 牛腩 / 腹脅 FLANK
⑪ 牛冧 / 尾龍 ROUND
⑫ 牛後腱 / 牛腰 SHANK

④⑫

牛腱

SHANK

味道有層次，筋多，肉質硬而實，脂肪少。一般前腱的肌肉比後腱的多，更有嚼勁。

TIPS

牛頸肉跟牛腱肉的脂肪很少，口感偏清爽；可加入肥肉如豬五花肉來增加多汁的口感。

雞肉
CHICKEN

鮮蝦燒賣可使用雞肉代替豬肉，雞肉的脂肪含量較豬肉低，吃起來較清爽彈牙，也沒那麼油膩。當中又以土雞比普通肉雞味道濃郁，肉質也較結實。

③ 健康之選

雞胸
BREAST

脂肪少而味道清淡，較易消化。肉質軟嫩，在適當的烹調下，能做出有鬆軟口感的燒賣。

TIPS

小心過度加熱會令肉質變柴。

④⑤ 美味之選

雞腿及雞髀

DRUMSTICK & THIGH

肉味濃郁而有層次感，脂肪相對較多，最適合用來做出肥美的燒賣。不過這部分的肌肉較實，筋也較多，因此要預先處理。

TIPS

去骨去皮。切走多餘的脂肪，以免雞肉的腥味影響味道。去筋膜會令口感更好。啤水會令肉質更彈牙。

使用雞髀肉做燒賣的店家

⇨ 詳見 P.132

解剖圖

雞肉部位 CHICKEN CUTS

① 雞頸 NECK
② 雞翼 WING
③ 雞胸 BREAST
④ 雞腿 DRUMSTICK
⑤ 雞髀 THIGH
⑥ 雞尾 TAIL

除了可以使用雞肉這類家禽代替，北方也有人採用鴨肉和鵝肉做成燒賣，多數配以糯米一起炒製而成。

餡料

魚肉
FISH

不少店家都有獨特的魚肉貨源和配方，務求令味道更千變萬化，建立屬於自己的招牌菜。街頭的魚肉燒賣，常見用鯪魚、狗棍魚、紅衫魚、門鱔、大地魚等；而酒樓做魚肉燒賣，連貴價的星斑也會用上。

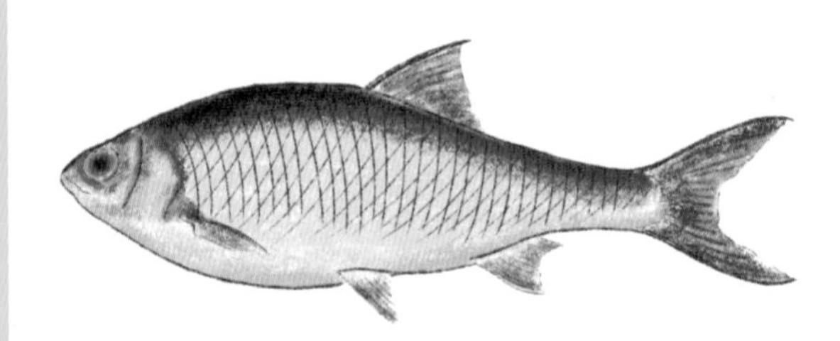

鯪魚
MUD CARP

四季均有，十月為盛產期，因此冬季的時候最肥美。肉質細嫩，魚骨偏幼，適合起肉後打膠。

TIPS

揀選時可留意魚眼是否飽滿、清晰明亮，魚膜要透明，鰓絲為紅色，摸上手堅挺有彈性為佳，鱗片緊貼魚身。

狗棍魚 / 九棍魚
LIZARD FISH

四季均有，八月為盛產期。肉質較粗，骨多而幼，味道鮮美。

揀選時可留意魚眼是否飽滿、清晰明亮，摸上手要有彈性，魚皮要有光澤。

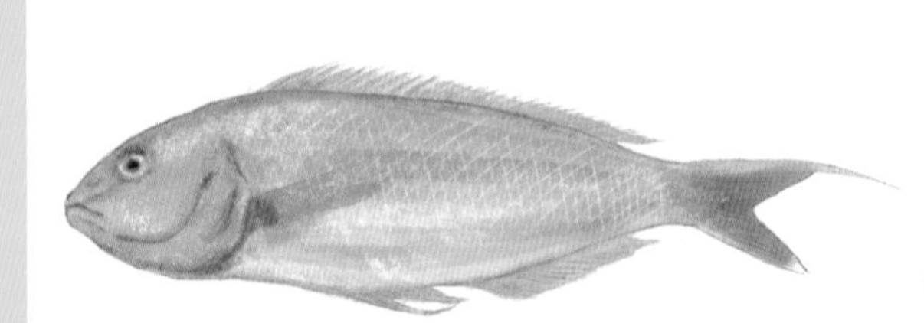

紅衫魚
GOLDEN THREADFIN BREAM

四季均有，十一至二月為盛產期。肉質柔軟，味道清爽。

TIPS

揀選時可留意魚身是否呈粉紅色而有光澤，鰓絲為紅色，摸上手結實有彈性為佳，鱗片緊貼魚身。

東星斑

LEOPARD CORAL TROUT

四季均有，五月至八月為盛產期。肉質爽嫩，味道鮮美。

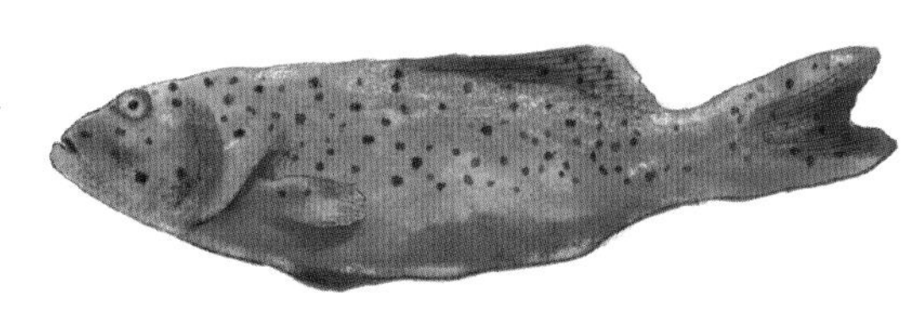

TIPS

揀選時最好是活生生的，建議即日內料理。可留意顏色是否鮮艷，魚皮是否有光澤，魚眼是否清晰明亮，魚鱗要沒有脫落，結實而肥大為佳。

門鱔

CONGER-PIKE EEL

四季均有，香港常見的有青門鱔和黃門鱔。肉質細嫩，肉厚彈牙，適合起肉後打膠。

TIPS

揀選時可先聞有沒有臭味，顏色要灰黃的，表皮摸起來要柔軟。

大地魚

DRIED FLATFISH

四季均有。大地魚由左口魚、比目魚、平魚等曬乾製成。扁薄肉少，加工後味道鮮香。

揀選時可先聞有沒有魚腥外的異味，以大為佳。而密封保存，放在陰涼乾爽的環境，可存放較長時間。

其它
OTHERS

除了以上提及的豬肉、牛肉、雞肉與魚肉，需起筋或起肉、切粒或搞拌以做成餡料，還有些做燒賣常見的食材，但在切碎做餡前，還需要額外的特別處理，以下列舉數例。

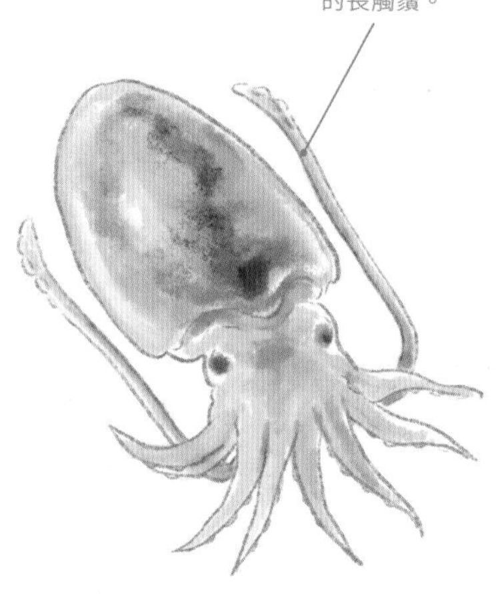

蝦
SHRIMP

需剝殼，除掉蝦頭，可在蝦的背部輕輕切一刀再用牙籤挑出蝦線。然後將蝦肉切粒。

TIPS

如果使用急凍蝦，建議流水解凍，用常温的水沖 3-5 分鐘以溶解冰塊，不用沖到完全解凍，以保持蝦的彈性和新鮮度。可加鹽或生粉攪拌然後洗乾淨，令口感更彈牙。

墨魚
CUTTLEFISH

將墨魚軀體與足部分離，去掉內臟並掏出軟骨，注意別把墨囊弄破，再去除喙及眼睛，撕掉膜。

TIPS

內臟很易腐壞，需先將內臟去除再放到冷藏櫃。解凍方法跟蝦一樣。新鮮的墨魚肉色接近透明，眼睛明亮突出，無黏液而有彈性；相反，就會發白不透明，帶有腥臭味。

更多餡料食材

鵪鶉蛋
QUAIL EGG
⇨ 詳見 P.101

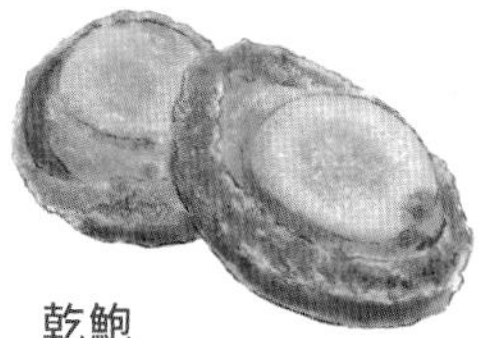

乾鮑
DRY ABALONE
⇨ 詳見 P.106

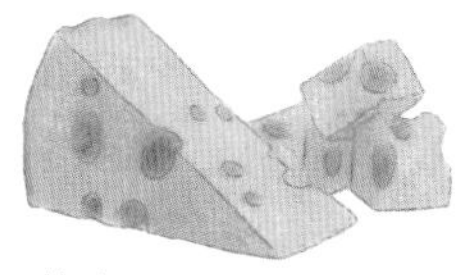

芝士
CHEESE
⇨ 詳見 P.113

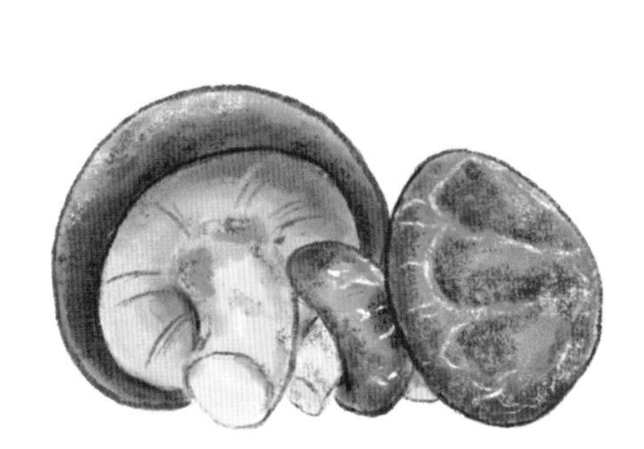

冬菇

SHIITAKE

使用溫水浸泡冬菇至軟身，切忌用冷水或熱水浸，會破壞冬菇的鮮味和營養。最後切成香菇丁。

TIPS

浸泡冬菇時，可加份白糖加速冬菇吸收水分，也能令鮮味保留；也可加入少量麪粉以吸走冬菇的雜質。好的冬菇顏色為黃褐或黑褐，菇面稍帶白霜，有馥郁的香氣為佳。

豬油

LARD

可將豬油脂的部分切粒，加入少量水分並以小火慢煮，緩緩攪拌。倒出來靜置，凝結後使用。

TIPS

差不多煮成的時候，也可以加入薑蔥或大蔥等調味爆香，也能辟走羶味。要做燒賣餡料多汁肥美的效果，除了可加入豬油，也可以用肥豬肉。若要更健康，可以水代替豬油。

手藝

燒賣的手藝

包燒賣就要注意手勢，要包到粒粒都飽滿。需要反覆練習，才能掌握餡料的多少、輕重的力度、手握的形態。一粒包得好的燒賣，在蒸製後仍能保持形態，相反，包得不好，膨脹後就會變形。

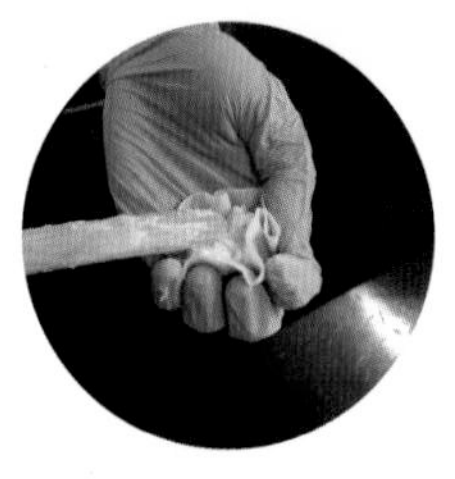

工具

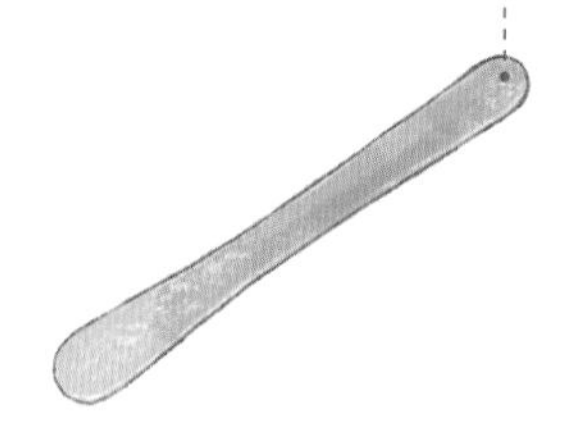

餡挑

挑餡用具，也可以用以攪拌食材。有不銹鋼製也有竹木製。沒有餡挑的站，可用餐刀或牛油刀取代。

STEP 1

放入餡料

將燒賣皮放於四指上，用餡挑撥入適量的餡料，置於燒賣皮的中心，並用餡挑按平餡料四周，令餡料與燒賣皮開始黏着。

TIPS

放多少餡料視乎燒賣皮的大小，可練習包至粒粒剛好飽滿的形態。切粒的肉餡大小不一，要靠手感調整份量。

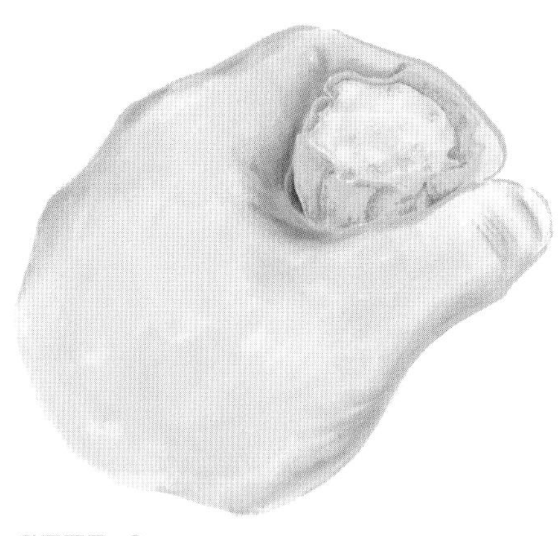

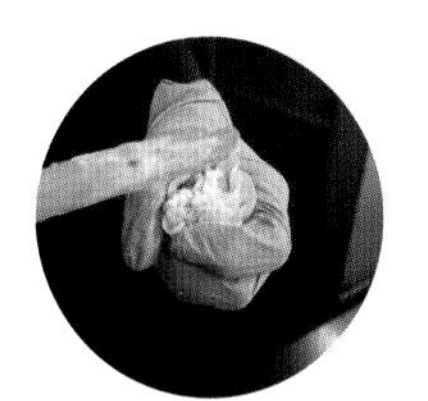

STEP 2

握成圓柱

將燒賣放於虎口位，四指握着，以下方手指承托，輕力旋轉之間將餡料與燒賣皮黏合，並握高握圓。邊握，邊用餡挑按平餡料。

TIPS

每個角度也要平均握實，蒸熟後就不會鬆散。而且皮與餡之間不能有空間，否則蒸製後會影響形態，燒賣皮也容易脫落。

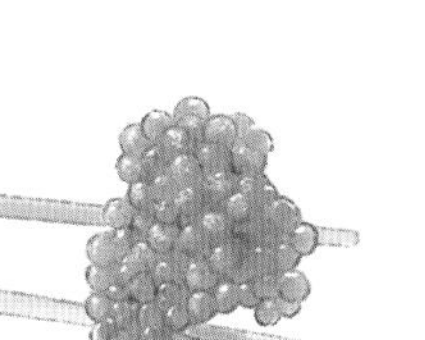

STEP 3

點綴表面

成形後，可在燒賣頂部的中央裝飾點綴，例如放上蟹籽。

TIPS

可在蒸製前點綴，蒸熟的蟹籽會變為橙黃色；若要保留橙紅通透的色調，也可在蒸熟燒賣後才點綴，有需要可放回蒸籠再加熱數十秒。

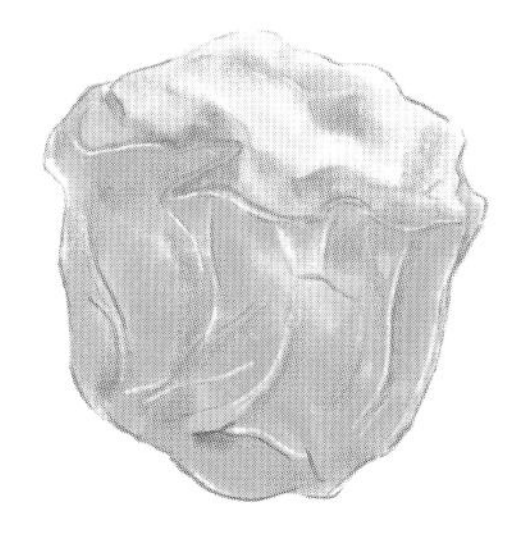

更多點綴款式
⇨ 詳見 P.108

燒賣的蒸製

蒸製燒賣最基本一定要熟。要用猛火蒸燒賣，用商業爐具的話，其火力較強，十分鐘內已可蒸熟。在最短的時間內蒸熟燒賣，就可以避免肉汁流失；相反，蒸製過久，燒賣皮會較易爛或變腍，而燒賣的肉汁也會流失。

竹蒸籠

BAMBOO CHINESE STEAMER

形狀
圓形

拱形蓋
可以防止倒汗水滴落在點心上

物料
竹
用完後要保持乾爽

可以疊起來蒸製，也可以只用單層

底部
疏孔
蒸氣透過蒸籠氣孔向上加熱

TIPS
新的竹籠，可先用滾水加熱，會較乾淨，而且可防蟲、防霉。

直徑
視乎需要
沒有特定的大小

傳統的茶樓多數用竹籠蒸製燒賣。竹製的好處是較吸濕而易散熱，蒸出用的燒賣會較乾身，不會帶水或產生異味，更有淡淡的竹香味。

小竹籠

LITTLE BAMBOO STEAMER

蒸製完成後，茶樓多按籠出售，將燒賣放進小竹籠，方便點算也易於進食。現今更可將燒賣連小竹籠直接放入電熱蒸櫃，蒸熟後拿出來就可下菜。

不銹鋼蒸籠

STAINLESS STEEL CHINESE STEAMER

不銹鋼蒸籠出現後，不少家庭也選用這個款式，因為方便清洗。不過，其蓋子多為平，容易出現倒汗水，因此需要用乾淨的白布把蒸籠蓋着，才放不銹鋼蓋子。

電熱蒸櫃 / 蒸罉

ELECTRICE HEATED STEAM CABINET/
CHINESE STEAMER

在科技進步的現代，酒樓開始改用電熱蒸櫃或蒸罉，能源效益也較傳統燃氣蒸製的高，而且火力穩定，也較易清洗，堅固耐用。附有多段式熱能調控功能，因此也較易準確地掌握烹調時間。

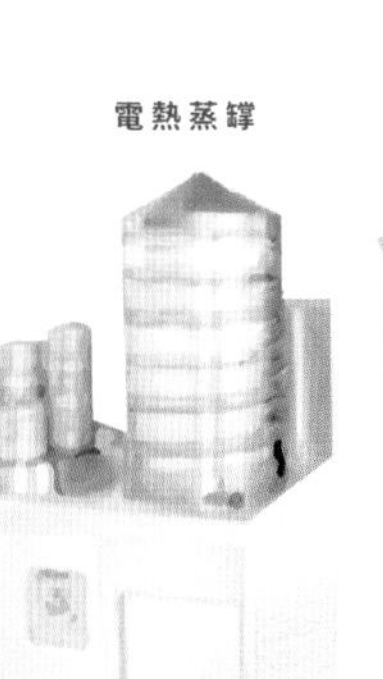

建議蒸製時間

⇨ 詳見 P.17

龍門大酒樓
燒賣源遠流長，經
歷了不少變化。
燒賣調查員
師兄
燒賣調查員
希希

文化講座

圖解香港燒賣 HONG KONG SIUMAIPEDIA

SIUMAI LECTURE

2

起源

從一粒粒小麥說起

現在我們輕易品嚐到的燒賣，其實得來不易。單是燒賣皮用的——由小麥製成的——麵粉，便是多代人努力的成果。

1

2

小麥
WHEAT

周代

考古學家最早在周代的遺跡就發現了小麥，當時的人以顆粒狀進食小麥為主，僅僅是脫殼已經不容易，還未懂得將小麥打磨成粉末，因而被當時的人視為**粗糧**。

麵粉
FLOUR

漢代

小麥以粉末的型態出現在中國的餐桌，已是漢代的事情。漢代建元二年（139BC）**張騫出使西域**，十三年後回國，很大機會在此期間將麵粉食物和石磨技術帶回中國，然而當時石磨技術並未盛行，小麥粉在中國境內並不常見。中西交往越加頻繁，有學者推斷在張騫歸來後五十年後，小麥麵粉製成食品的習慣才迅速推廣開來。

人們不斷嘗試將創意注入小麥粉，自小麥粉美食首次在中國流行開始，往後又經歷了一千多年，我們才終於確確實實見到**原始的燒賣**。

3

包、麵、餅

BUN, NOODLE, FLAT BREAD

到東漢中期以後，小麥粉製作的食品開始在民間流行，出現各種麵和餅，再慢慢發展成有肉有皮的麵粉食品。小麥製成的食品成為了**北方美食**的一大特徵，例如包、麵、餅等等。

4

燒賣

元代

SIUMAI

元代，燒賣的原型終於出現，但和我們現有常見的不同。當時有本朝鮮人用的漢語教材叫《朴通事》，記錄了不少中國北方的衣食住行，首次出現關於燒賣的明確記載。當時記錄的名字是「素酸餡稍麥」，有解說：「以麥麪做成薄片，包肉蒸熟，與湯食之，方言謂之稍麥，麥亦做賣」這個**稍麥**正是燒賣的原型。

名字

燒賣的譜系圖

後來燒賣在各地衍生出非常多的別名，根據這些別名，從明清到當代都流傳著不少燒賣的「發源故事」，反映燒賣的傳播與在地化。

燒賣的真身應該源於蒙古，傳說是當地的傳統風味食品，在元代傳入中國。明末清初時中國京城（現為北京）掛滿寫着「正宗歸化城稍美」的招牌，「歸化城」指的是明朝統治下的呼和浩特，而「稍美」 則是當時燒賣的稱呼之一。

燒賣的名字是蒙古語 ᠰᠤᠤᠮᠠᠢ 的音譯，原意就是「沒有冷卻的」。自元代流入中國，燒賣在中國各地衍生出非常多的別名。「燒賣」源於蒙古語一說，便能解釋五花八門的漢字寫法，全因這些名字都並非燒賣的本名，只是將蒙古語音譯轉寫成漢字。燒賣命名最廣為流傳的「故事」之一，便是明清時某小二將剩下的皮肉隨意包裹，伙計隨口說是「燒了就賣」。這些從音譯漢字反過來推論來源的故事，必然是後人杜撰的。

燒賣在中國各地衍生出非常多的別名，例如燒麥、捎賣、稍麥、稍美、燒梅、肖米等等。源於蒙古也能解釋不同寫法的出現，全因這些名字都並非燒賣的本名，而是將蒙古語音譯為各種漢語。

以上三個名稱並沒有集中出現在某個地區

反正是音譯，其實可以是任何近似蒙古語發音的漢字，選字帶有任意性。根據蒙古語的發音，不同地方各自表述，所以起初燒賣的寫法特別多變。在音譯的過程中，當地人往往會加入意譯的元素，例如「燒」能代表蒸好趁熱吃、「麥」能指出燒賣的食材包括了小麥粉、「梅」則能刻畫出燒賣外皮像花瓣般的摺痕。

雖然強行解釋「燒賣」二字毫無意義，但它在漢語中命名的多樣性卻是非常有趣，可謂是一個燒賣的譜系圖（Family Tree），記錄燒賣的傳播與在地化。

名字

名字的變化

隨著各地交通頻繁、北方戰亂等等因素，北方的食物進一步傳播到中國各地，受各地的飲食文化影響，激發出不同的變體。

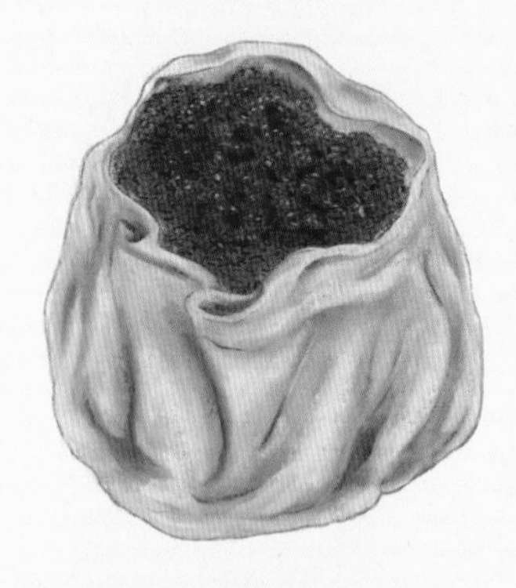

在地化的食材和做法

各地的人都會將燒賣**調整成受本地人歡迎的口味**，例如江浙、上海地區會有加入筍和豬皮凍的「下沙燒賣」，豬皮凍可以令燒賣內陷流著滿滿的湯汁，是小籠包和燒賣的混血兒；各地陸續出現加入糯米、香菇等等材料的變體，特色燒賣數之不盡。

燒賣非燒賣？

燒賣的遠征一直向南延伸到廣州，最後更加進入粵港的茶樓點心體系。以現在的目光看戰前的香港茶樓餐牌，不難發現許多匪夷所思的「燒賣」：

雞蓉莧菜燒賣
涼瓜雞片燒賣
雲腿蛋皮燒賣
叉燒蝦蓉燒賣
蝦子生根燒賣
南安鴨腿燒賣
龍穿鳳翼燒賣
雞蓉唐蒿燒賣
玉帶田雞燒賣
薑芽鴨片燒賣
玉石藏珠燒賣

出現於皇后大道西的「武彝仙館」在 1924 年登報刊登「星期美點」的廣告。

其實，當時許多稱為「燒賣」的點心，並非我們現在理解的燒賣，而是其他一般的蒸點心。根據《港人港菜：點心》查考 1986 年出版的美食雜誌《飲食世界》第 114 期，裡面提到當時榮真茶樓以燒賣聞名，其燒賣品種繁多，後來許多茶樓有樣學樣，出現了**有外皮**和**沒有皮**的肉類燒賣，花式不勝枚舉。當時甚至連蒸排骨、蒸鳳爪一樣叫作燒賣。

燒賣名字的演變：

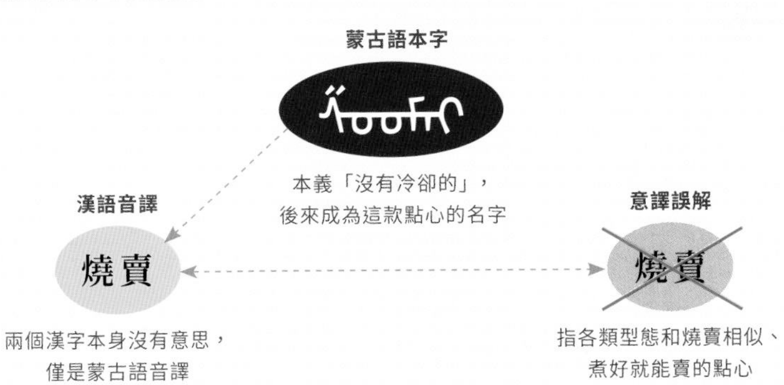

大眾無考據名字的來源，看到字面便認為任何「燒好了就賣」的點心都能叫作燒賣。 這種「被燒賣」的情況只在廣州和香港出現，並沒有在北方出現，因為 「燒賣」這個寫法在南方比較流行，北方依然保留「稍麥」的寫法，所以便沒有發展出這個「燒好了就賣」的誤會。在官話中，「燒」所指的是「煮」 的意思，如「燒水」、「燒飯」等。

幸好這種混亂的命名方法越來越少人用，各式各樣的點心亦終於回復了本來的名字，「燒賣」的所指亦自此變得穩定。

「乾蒸」燒賣也是用水蒸

廣洲還有個燒賣的別稱──「乾蒸」，指的並非燒賣的蒸煮方法，蒸煮「乾蒸燒賣」依然需要用到水蒸氣，讓不少年輕食客一頭霧水。「乾蒸」其實是酒樓點心師傅對於蝦膠、豬肉和牛肉燒賣的別稱，他們甚至會以「乾蒸」表示「乾蒸燒賣」，直接省去「燒賣」二字。

南傳

南北燒賣的分野

廣州點心的起源已不可考，普遍指在明清兩代開始興旺。點心吸收了北方菜餚特色，而燒賣進入南方點心體系後，發展出別樹一格的風味。

北方遊牧民族逐水草而居，難以捕獲海產，靠的是打獵和放養動物，多以牛、羊為主食。

北方燒賣
NORTHERN SIUMAI

用料	以羊肉、牛肉和豬肉為主，會加入大蔥
體積	較大而粗獷
形狀	開花形，向外伸展
厚度	皮較厚實
顏色	以白皮包裹整個肉餡

燒賣南傳後，餡料和外表都改變不少。從「北方」食到「南方」，我們雖然無法劃出一條清晰的界線，但是卻可以從南北不同的生活和飲食習慣入手。

南方人則以農耕未主，內陸的湖水養活了多樣的河鮮，下游的省份則培養出豐厚的海鮮料理文化。

南方燒賣
SOUTHERN SIUMAI

以豬肉和魚肉為主，內餡會加入蝦肉

較小而精緻，可以一口一個

圓筒形

皮較透薄

加入蛋黃變成黃皮，頂部或有裝飾增添色彩

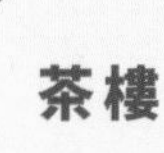

港式飲茶文化

要了解燒賣的演變，必先了解點心和飲茶文化。現在普羅大眾眼中的「飲茶」都帶著悠閒生活品味的中產味道，早期卻是勞苦大眾的快餐。

早在清代，廣州飲茶的場所便有分級，分有**茶寮、茶館、茶居和茶樓**。這種文化後來也漸漸延伸到香港，四種場地各有其捧場客。「一盅兩件」並非當代理解的悠閒享受，而是一種快餐式的食物。由於勞動階層要吃飽才有力幹活，茶館的點心通常都是大件而且粗糙的，兩件已足夠飽肚。

四種廣州早期的飲茶場所：

1 茶寮

屬於最草根的選擇，大多是路邊簡陋的竹棚，大眾路過可以休息喝茶。當時在茶寮喝一盅茶只收一厘錢錢（72厘等於1銀毫），因此又稱「一厘館」。未必有點心或小食供應。

2 茶館

比茶寮略有規模點，多數設於碼頭、市場等勞動階層聚腳地。由於收費二厘，有「二厘館」的別稱，其收費包括一盅熱茶及兩件粗製點心果腹，正是耳熟能詳的「一盅兩件」。1900年代香港的二厘館點心款式單調，只有包、蝦餃、燒賣三種。

3 茶居

茶水較為講究，糕點亦比較精緻，這裏蝦餃燒賣比較貼近我們現在理解的「飲茶」點心。茶居吸引的顧客多為士紳階層、中產商人、文人雅士等，聚在一起品茶聊天。

4 茶樓

清末民初時，廣州佛山的七堡鄉陸續有人開設幾層樓高的茶居，並稱為「茶樓」。這些高檔茶樓裝潢別緻，服務奢華，通常是達官貴人光顧，從早到晚宴客不停。

直至中國爆發第二次國共內戰，大量居民南遷到香港，帶來廣州的飲食文化和手工藝。因此舊式香港點心具濃厚的廣州點心風格，並融合西式自成一家。

開埠早期

雖然廣州茶樓夜夜笙歌，但香港開埠早期的茶樓通常在**凌晨四、五時便開市**，茶樓往往不做夜市，下午兩三點便關門。除了因為大眾習慣早起生活，日出吃個包、飲杯茶便開工，更因為當時香港正在實行宵禁令。

1897年

宵禁令正式解除，茶樓才開始蓬勃發展。有了夜市後，香港早期的**茶樓和酒樓分野明確**，前者茗茶品點心，後者風流娛樂。酒樓和娼妓事業關係密切，妓院和酒樓兩者互為生態，供富人紙醉金迷。

1935年

港府禁止娼妓，酒樓生意頓失，為了保持生計，他們才開始經營茶市，和一般茶樓無異，從此**茶樓和酒樓融合**，奠定了當代香港飲茶和點心格局。

不一樣的餐牌

傳入香港後，燒賣逐漸擺脫北方的影子，成為更精緻的小品，也從茶館滿足「大件夾抵食」的果腹需要，慢慢轉化成更純粹的味覺享受。

二戰以後，香港茶樓裡的燒賣幾乎都在不斷演化，以廣州茶樓的燒賣為基礎，進一步**精緻化**。香港早期報紙業名家黃燕清先生曾經著書《香港掌故》，提及茶館裡的燒賣從 1900 年代到 1950 年代的變化：「燒賣呢？又名叫油瓶枳，油瓶呢，又叫油埕仔，想想這個枳，有怎樣大，現在呢，燒賣像得什麼枳呢，嬌小玲瓏，果是小小的藥油樽枳罷了。」

點心級別

早期埋單結算會點算桌上的蒸籠數目，再按竹籠大、中、小三個尺寸計算。後來發展出「卡仔」系統，在點心車的「點心姐姐」都會帶著一堆圓形小印章，在食客的「食品記錄咭」上蓋上印章。價錢由高到低分為「頂」、「特」、「大」、「中」和「小」。燒賣通常是**茶樓的招牌**，一般都屬較高的級別。

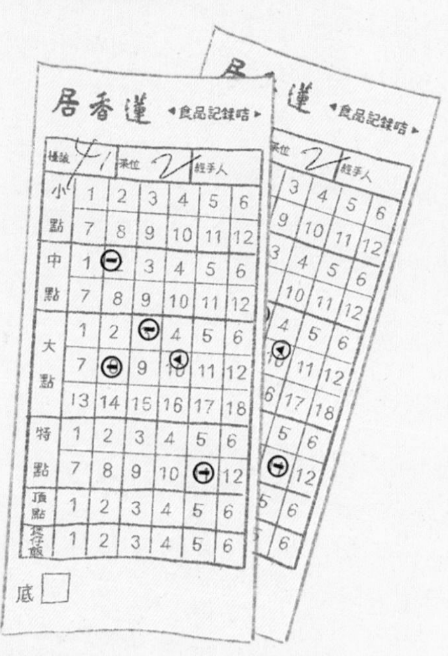

後來就算點心車被淘汰，不少酒樓依然保留著這個分層定價系統，直到千禧年後入單完全電子化，酒樓才開始淘汰這個劃分價錢的方法。

根據燒賣的尺寸、份量和口味，一籠通常有 3 至 4 粒，口味較重而尺寸大的豬潤燒賣則只有 2 粒。

4粒

鮮蝦豬肉燒賣

⇨ 圖鑑 P.100

3粒

鵪鶉蛋燒賣

⇨ 圖鑑 P.101

2粒

豬潤燒賣

⇨ 圖鑑 P.105

茶樓

點心車上的燒賣

隨著時代的發展，燒賣和竹籠逐步精緻化，加上器具工藝進步，點心車——這個流動的大蒸爐——也終於誕生。

點心足夠小巧、造車技藝足夠先進量產，這兩個因素只要稍稍缺了一個，點心車便無法出現和流行。

點心車之前

曾幾何時，茶樓賣點心的男工會拿著三十寸大銻盤，加條肩帶，背著各式點心，穿梭於食客之間叫賣。男工雙手托著盤底，彷彿就像向長輩奉上賀壽禮物，所以這種叫賣形式又叫「賀壽」。早期的茶樓會用一個碩大的竹籠統一蒸熟點心，早上剛剛開門時，有時樓面的員工還未上班，點心師傅便會拖著大竹籠叫賣，活像巴士司機握著軚盤，這種叫賣又叫「揸大巴」。

加熱系統

內藏石油氣罐及蒸爐，能將點心加熱、保溫。

金屬外殼

由切鋼片、屈鋼邊、燒焊等十多個工序製作而成。

叫賣

對於不少舊派食客，燒賣的出現是有聲的：「靚蝦餃、新鮮出爐嘅燒賣……」售點員會推著幾十籠點心叫賣。

流動大蒸爐

點心車內藏加熱保溫系統，前排插滿車上各式點心名牌，售點員推著幾十籠點心，繼承著「賀壽」和「揸大巴」叫賣的習慣，食客聞聲而至，遲來的只好「送車尾」。後來只有蒸點的點心車已經不能滿足食客，更加發展出乾式的點心車，放置炸點、西式甜點等等。售點員會在車上擺放該車點心需要的醬料，一般而言酒樓燒賣都無須醬料，齋食便可。

點心車充滿舊香港的美好情懷，不少人依然非常懷念它，但它的消失其實不無原因。車內的加熱系統暗藏危機，石油氣加熱、熱水、蒸汽等皆有機會釀成危險。

街頭

魚肉燒賣的興起

酒樓燒賣傳到香港，在二戰後適逢經濟不景，本地人揉合本地漁村風味，發展出香港獨有的街頭燒賣，是場在地化（Localisation）的盛宴。

二戰以後的香港

二戰後百廢待興，市面上各種物資短缺，百物騰貴，家家戶戶都生活艱難。五十年代初，香港經濟本來略有起色，但是適逢韓戰爆發，香港作為轉口貨物的角色大受限制，經濟再度受創。在這種不景氣下，茶樓用豬肉製成的燒賣算是奢侈，讓廉價的魚肉燒賣得以崛起。小販以鰔仔等下欄平價的雜魚為主材料，起肉後加入麵粉、雞蛋、肥豬肉等等材料打至起膠，做出彈牙煙韌的口感，輔以鹽和胡椒粉辟腥提鮮，最後包上黃澄澄的燒賣皮，蓋布蒸熟便大功告成，成功為燒賣開創一個新派別。

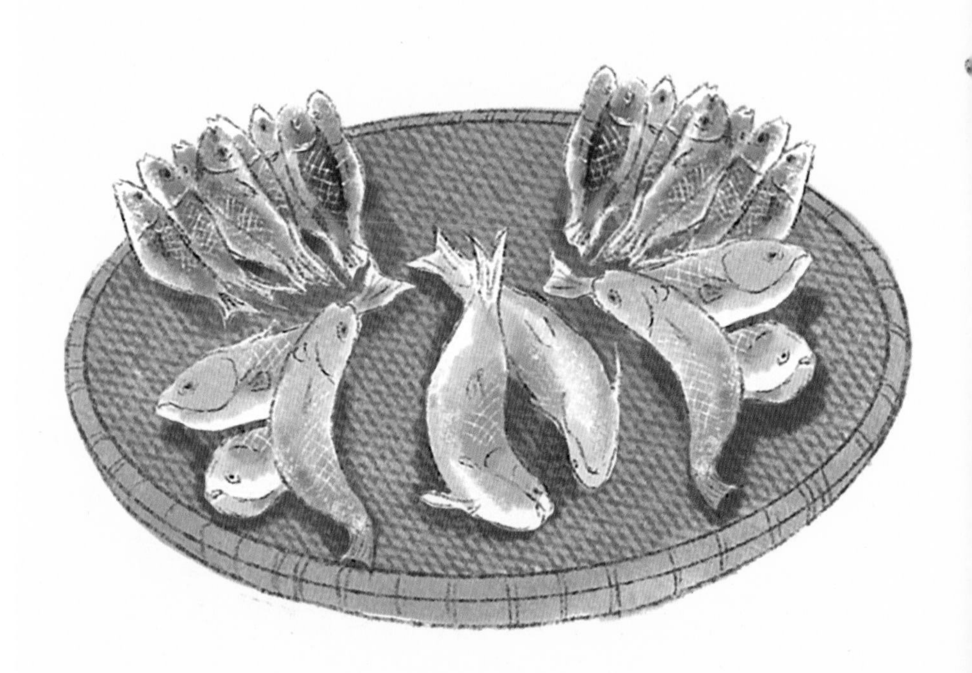

車仔檔小販的出現

四十年代開始，中國大陸的難民來港避難，車仔檔小販湧現街頭。他們牽著木頭車和火水爐，哪裏多人便賣到哪裏，假期旺季隨時加開幾晚，只求不要撞正「走鬼」便可，模式極為靈活。車仔販賣的食物五花八門，除了魚肉燒賣，還有牛雜、臭豆腐和碗仔翅等平民小食。

時至七十年代，斗零（五仙）能買到一粒燒賣，兩毫子便能買到一整串，以 1970 年慶相逢酒樓為例，一籠燒賣收費九毫子，兩者價錢相差四倍有多，足見街頭燒賣在價格上的吸引力。

街頭

從街頭走入店舖

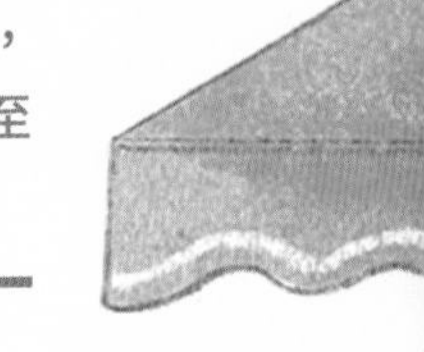

七十年代，港英政府考慮到市容和衛生問題，開始打壓流動小販，魚肉燒賣由街頭逐漸移至固定的店鋪，形成日後的港式小食店。

有人估計戰後全港一度有幾十萬街頭小販，根據政府的官方數字，1971年亦有四萬人左右。當時政府認為流動小販有礙市容和存在衛生隱憂，亦有舖頭商戶控訴小販無須交租交稅，抱怨制度不公。一方面政府嚴加打壓，執法人員頻頻掃街「走鬼」，小販見衛生幫便推著鐵車拔足狂奔，場面極為混亂；另一方面則以行政手段加強對流動小販的規管，例如不再發新的流動小販牌照，亦禁止牌照轉讓和繼承。

小販開始轉型為固定的小店，有小販從街頭移師到冬菇亭和街市等，後來更紛紛入鋪。當日小販被收牌，很多人以為街頭小食會沒落，然而入舖這個契機令燒賣更容易被記錄、被推廣，再經歷不斷的打磨和轉化，成為**「香港地」的招牌**。

九十年代間，政府進一步收窄街頭小販的生存空間，除了繼續不發牌外，更加軟硬兼施，在學校教育層面上不遺餘力地將街頭小食塑造成骯髒有害的低下文化，務求在需求和供應層面上都趕盡殺絕。

雖然昔日車仔檔流動而靈活的形式不
復存在，然而它們的影響力並未消退，
更成為日後港式小食店的藍本。

街頭

街邊的風味

八九十年代，街頭到處都開滿小食店。香港人生活節奏急速，樣樣講求效率和速度，和小食店「快、靚、正」的特質不謀而合。

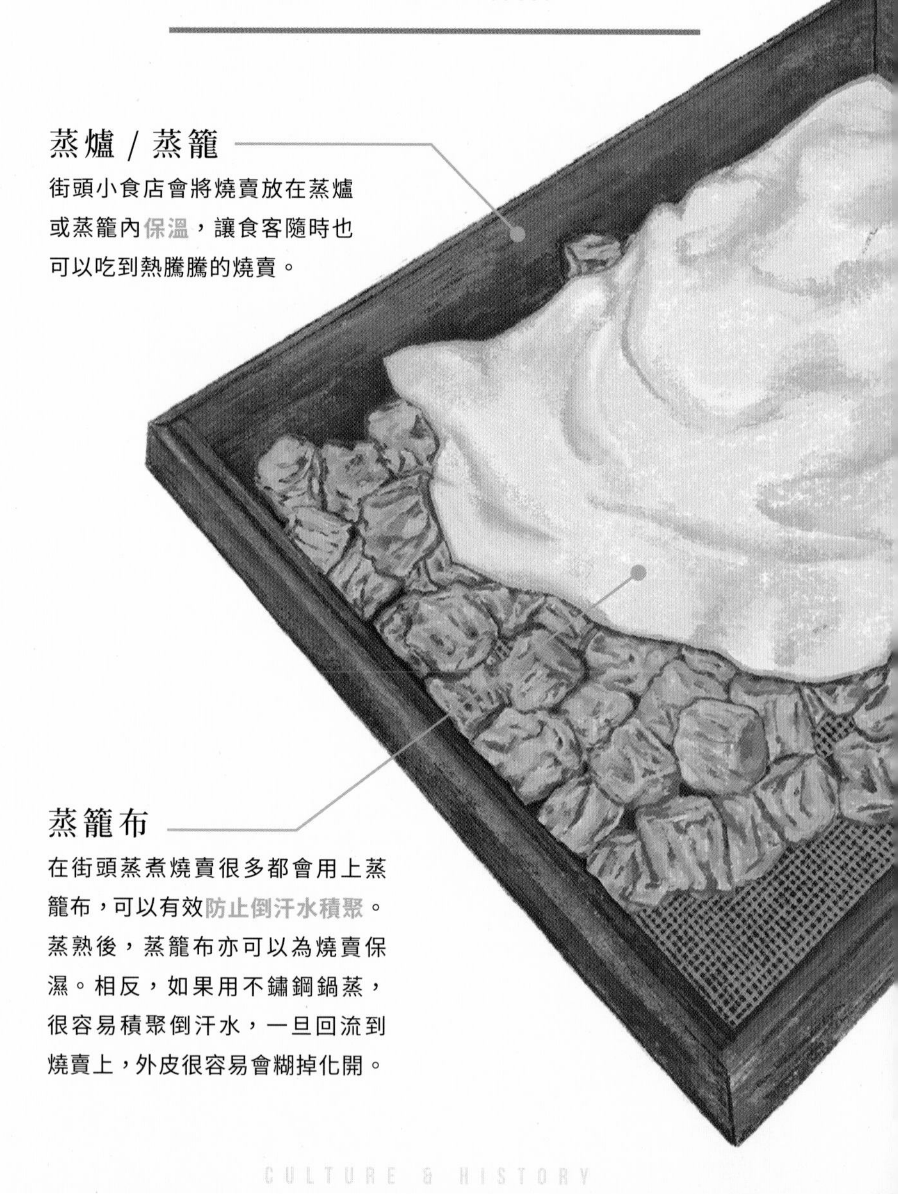

蒸爐 / 蒸籠

街頭小食店會將燒賣放在蒸爐或蒸籠內保溫，讓食客隨時也可以吃到熱騰騰的燒賣。

蒸籠布

在街頭蒸煮燒賣很多都會用上蒸籠布，可以有效防止倒汗水積聚。蒸熟後，蒸籠布亦可以為燒賣保濕。相反，如果用不鏽鋼鍋蒸，很容易積聚倒汗水，一旦回流到燒賣上，外皮很容易會糊掉化開。

魚肉燒賣多年來以不變的美味和低廉的價格站穩陣腳，成為小食店的必備選擇。只要有幾分鐘空檔時間，就可以「拮」串熱騰騰的燒賣。

燒賣容器

早期街頭小食店**只供應竹籤**，客人需要即買即食，並要彎腰提防醬汁滴落在衣服上。後來愈來愈多店家也會提供紙袋或紙杯，甚至還會提供連蓋子的紙碗，讓客人可以外賣拿走。

紙袋及竹籤

紙碗及竹籤

紙杯及竹籤

對比

茶樓 VS 街頭

茶樓有四大天王，街頭有孖寶兄弟，燒賣都各佔當中一席位置。而兩款燒賣的尺寸、肉餡、份量、吃法都截然不同。

香港茶樓之點心四柱

屬香港茶樓最經典的款式，反映了香港飲食文化──源於中國、外國流入、本土轉化，有說：蝦餃的鮮蝦食材代表了南方；燒賣則是源自北方再於南方演變出不同食材；叉燒包則是南北和，揉合北方麵包皮與南方叉燒餡；而蛋撻則是中西合璧之作。

街頭平民小食

魚蛋加燒賣黃金組合並非巧合。鮮味的魚肉正中香港人的口味，加上讓人滿足而果腹的澱粉，在戰後不景氣下提供了美味而廉價的享受，無論味道還是經濟因素，都促成了魚蛋和燒賣的興起。

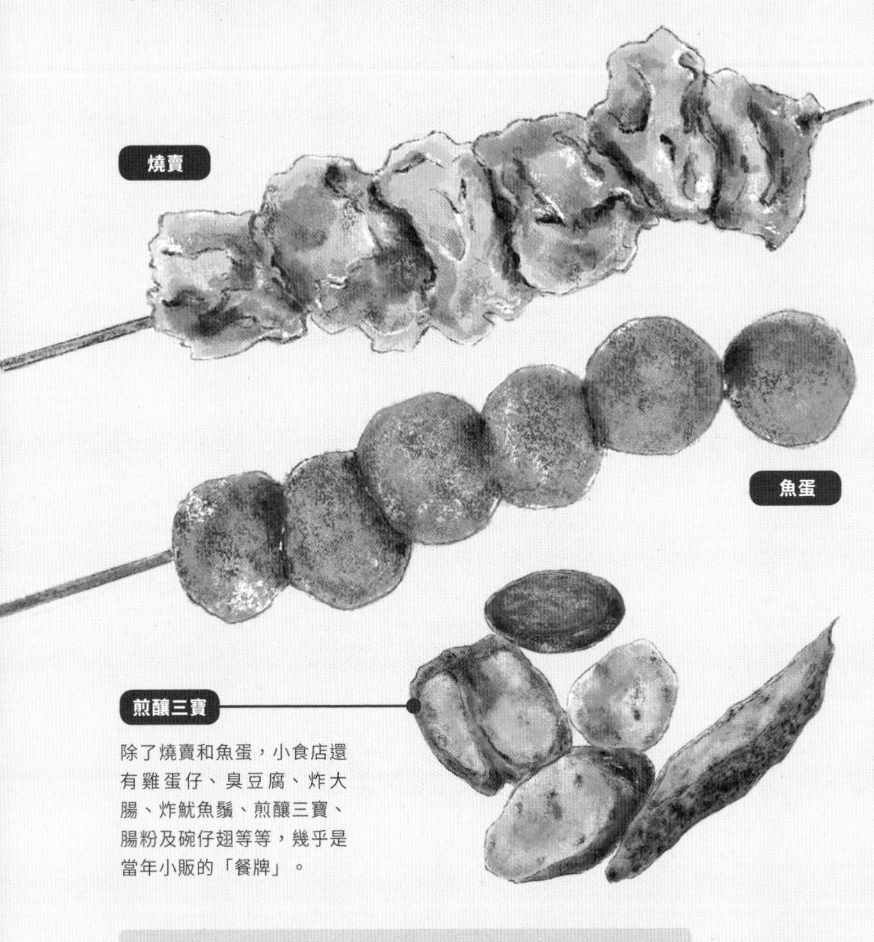

除了燒賣和魚蛋，小食店還有雞蛋仔、臭豆腐、炸大腸、炸魷魚鬚、煎釀三寶、腸粉及碗仔翅等等，幾乎是當年小販的「餐牌」。

茶樓燒賣尺寸較大，多加入豬肉和蝦肉，口感爽彈，一籠有 3 到 4 粒，只需用筷子夾起吃，無須醬汁；街頭燒賣尺寸較小，以魚肉為主，口感煙韌，一串有 5 到 7 粒，竹籤串起吃，配搭豉油、辣椒油。

急凍

急凍技術的革命

七十年代急凍技術提升，從此燒賣的保鮮期大幅延長，加上微波爐開始普及，科技再次改變了我們食燒賣的習慣。

塑膠包裝

除了用來密封食物來增加保鮮期，使用 PET、PVDC 或 PP 膜構成的塑膠包裝更可用於微波爐加熱。

急凍燒賣

急凍打頭陣

1974 年，永南食品率先以「公仔點心」品牌推出急凍點心，打破了進食燒賣的場地限制——不再受限於茶樓或街頭，在家中和辦公室也可以隨時品嚐。

燒賣的量詞不再只是「一串」，更可以是「一包」和「一袋」。急凍燒賣慢慢成為超級市場急凍櫃的必備單品，包裝從一大袋的家庭裝到一小盒一人份量都有。

貯藏方法

一般最好保存在 -18° C 或以下之冰箱內。如果解凍後再冷藏，味道和品質亦會改變。

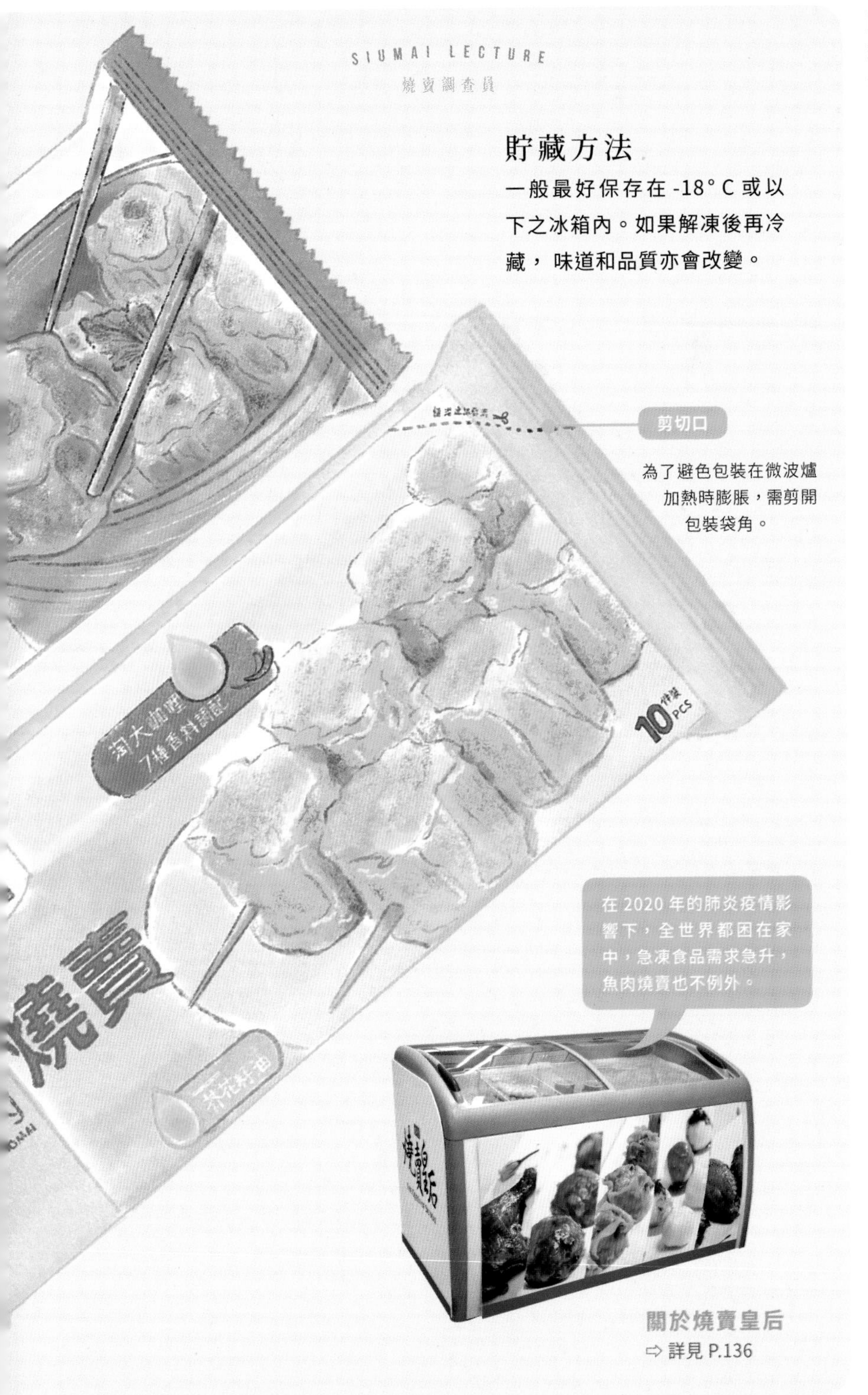

關於燒賣皇后
⇨ 詳見 P.136

急凍

香港工業年代

急凍點心工場在九十年代興起，以機器自動化或半自動化生產燒賣變得更普遍，進一步降低了急凍燒賣的成本。

香港於九十年代開始流行「工場式食物製造」，食肆將部分食品交由工場中央處理，或直接向食物工場取貨。

食物工場
FOOD FACTORY

當時永南食品亦在大埔工業邨開設「永泰食品廠」啟用，亦開始生產冷凍點心公仔點心系列，供應給街市冷凍食品店及超級市場等。

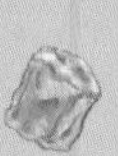

學校
SCHOOL

酒樓
CANTONESE RESTAURANT

大量生產

這些點心工場的網絡覆蓋甚廣，除了街市冷凍食品店和超級市場，還有小食店、便利店，甚至更推展到酒樓、酒店、俱樂部會所及日資百貨公司，令燒賣的版圖擴展到各種場所。

小食店
SNACK SHOP

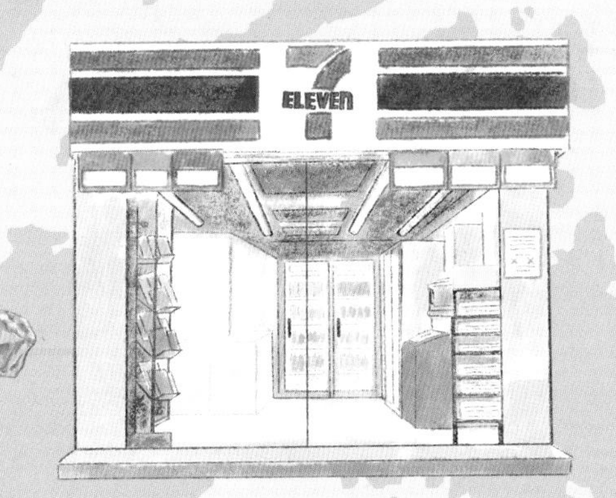

便利店
CONVENIENCE STORE

急凍燒賣出現後，由於成本低廉，輕易可以大量生產，相比之下，手工燒賣工序多成本高，在價錢上難以競爭，加上技術上青黃不接，逐漸買少見少。

叮叮

便利的燒賣

80 年代連鎖便利店湧現，急凍點心更隨處可見。便利店內幾乎都有部微波爐，顧客從選購、付款到翻熱，全程不過幾分鐘。

因為微波爐的「叮」一聲，「叮叮點心」成為了急凍點心的代名詞。

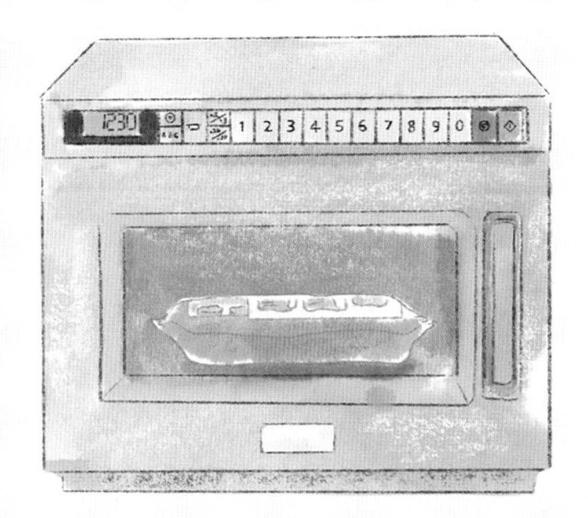

微波爐加熱
MICROWAVE

加熱過程中會抽乾水分，而早期叮叮燒賣通常都乾癟不堪，難以追近新鮮燒賣的質素。後來發展出無須開封的**「自動排氣孔」技術**，點心可以連包裝放進微波爐，鎖住水氣。

無論甚麼時候，只要想吃燒賣，便可走進便利店速食速決，是一種摩登而快捷的進食體驗，非常適合繁忙的都市人。

復刻

重拾傳統手藝

經歷過大量生產，不少小食店都會向工場取貨以提升競爭力，傳統手藝買少見少，幾乎市場淘汰。然而，近年大眾開始反過來追求自家製。

手藝的追求

在工業化下，各區的燒賣呈現出極度的同質化。職人手作的燒賣顯得特別亮眼，在大眾眼中，這些燒賣通常都被認為是特別地道的，誠如《饕客：美食帝景中的民主與區辯論》所描述「不僅像誠信和真實這類正面價值，也強調食物遠離了現代工業生活複雜、經過製造的品質」。越少工業化的元素越能展示出其樸素和地道的意味，往往會獲得大眾，尤其是網民的稱讚，成就了這些傳統味道的「第二春」。

準備功夫

不少這些傳統店家都有將其手工燒賣急凍售賣，與超市的急凍燒賣爭一日之長短，是他們保留傳統之餘，回應時代的一種辦法。

豐潮洲食品公司

粉果佬

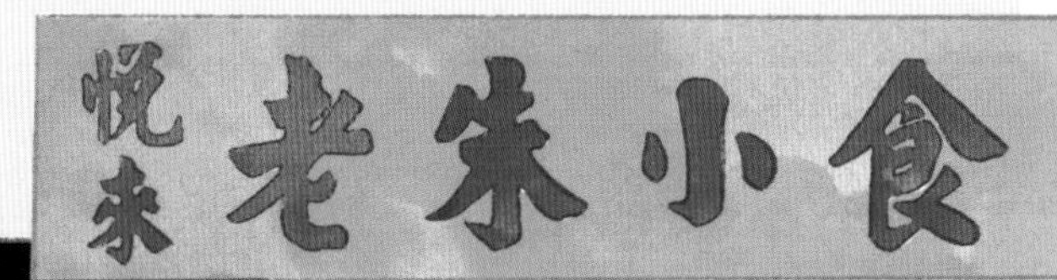

老虎岩

讓人長途跋涉的小店

現在以手打燒賣聞名的店家有「悅來老朱小食」、「老虎岩」、「粉果佬」、「永豐潮州食品公司」等等，各家各有特色。這些店家的燒賣未必便宜，但卻成功留著一群**忠誠的食客**。

只有真正自家包製，才能決定魚肉配方、配料、攪拌時間等等，得出與別不同的口感和味道，重現出久違的人性化和人情味。

環球

燒賣法包

燒賣不只在香港，即使去到外國也能發現它的足跡。香港冠珍醬園老闆 Daniel 去到馬達加斯加附近的國家「留尼旺」，就遇見了燒賣法包。

製作方法

在法包內放入磨碎的芝士、蒸燒賣、siaw（豉油），然後焗製，可以配搭廣東式辣椒醬，也可選擇番茄醬、蛋黃醬及燒烤醬等。

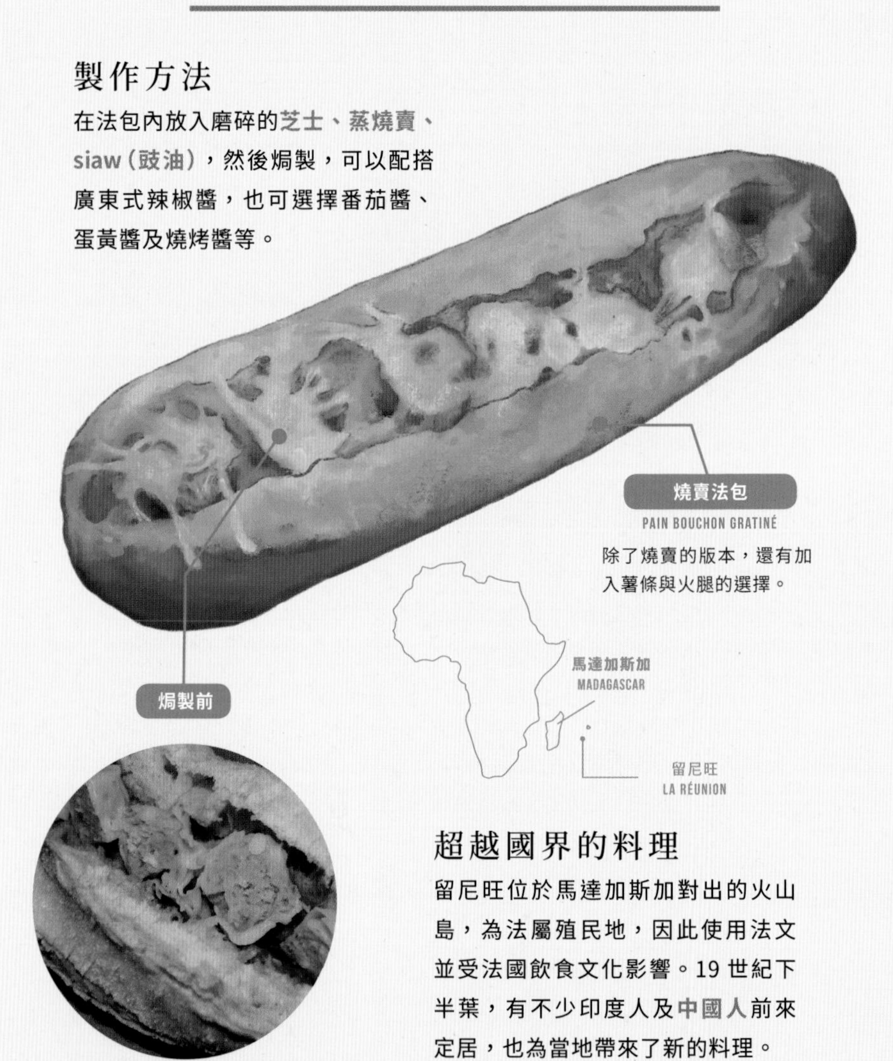

除了燒賣的版本，還有加入薯條與火腿的選擇。

超越國界的料理

留尼旺位於馬達加斯加對出的火山島，為法屬殖民地，因此使用法文並受法國飲食文化影響。19 世紀下半葉，有不少印度人及中國人前來定居，也為當地帶來了新的料理。

哪裡找燒賣？

要找到燒賣法包，除了可以去酒吧和餐館，也可以留意當地的食物卡車，有時還能遇到用生菜鋪墊的蒸燒賣。

食物卡車

FOOD TRUCK

它遊走於不同的市集，部份有酒供應，所以又叫作酒吧卡車。

在留尼旺，除了燒賣法包外，還有點心工廠，會供應燒賣給唐人餐廳及超級市場，當地人不難買到急凍的燒賣回家料理，還有各種中式醬料配搭。

環球

日式「焼売」

日本人對燒賣的印象大概就是橫濱燒賣。從明治維新開始，中華料理一直是日本飲食界中的重要一環，而橫濱的中華街便是重鎮之一。

1881 年

廣東人鮑棠在日本橫濱開設餐廳「博雅亭」。

大正初年 (1912-1926)

博雅亭的第二代傳人鮑博公將燒賣在地化，調配出當地口味的食譜，使用**豬肉、蝦肉和青豆**，並且大量生產和售賣，成為日本燒賣的鼻祖。

昭和前期 (1926-1930)

燒賣已經成為日本人的**家庭料理**，無論是自製還是外賣都頗為普及。

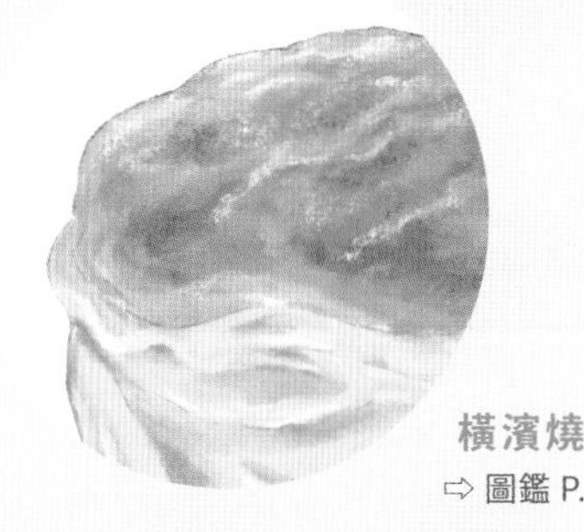

橫濱燒賣
⇨ 圖鑑 P.115

哪裡找燒賣？

要數最標誌性的日本燒賣，便不可以不提「崎陽軒」的橫濱燒賣。這種燒賣就算冷掉了也非常美味，而且他們為了方便食客在搖晃的車廂內享用燒賣，更貼心地將燒賣縮小。

在銷售方式上他們也出盡奇招，後來更聘請女孩在月台上將燒賣遞給車內乘客。

崎陽軒燒賣
崎陽軒シウマイ

崎陽軒在 1908 年開業，起初是橫濱火車站內一家食品雜貨小店。通常火車乘客都在首站東京買好便當，所以「崎陽軒」的便當生意一直強差人意。崎陽軒的社長靈機一觸，與其和便當硬碰硬，倒不如賣些冷熱皆宜的小食。於是，他便在橫濱中華街請來吳遇孫師傅，經歷一年的嘗試和改良，最後使用豬肉、蝦肉、瑤柱、洋蔥和青豆，製作出當今的名物 ——橫濱燒賣！

在口耳相傳下，橫濱燒賣成為全國知名的橫濱特產。當地人賞花或參與鎮上活動時也非常流行帶備燒賣，在關東地區其他車站亦能找到崎陽軒燒賣的蹤影。

環球

Dim Sim

Dim Sim 是燒賣在澳洲的變體，英文名字是台山話「點心」的音譯，由廣東移民 William Chan Wing Young 在戰時首創於墨爾本。

墨爾本燒賣

油炸版

Dim Sim 以免治豬肉和椰菜為主要餡料。另外也有素食的版本，通常有椰菜、紅蘿蔔、粉絲、香菇；可以蒸製或油炸料理，通常配搭豉油。

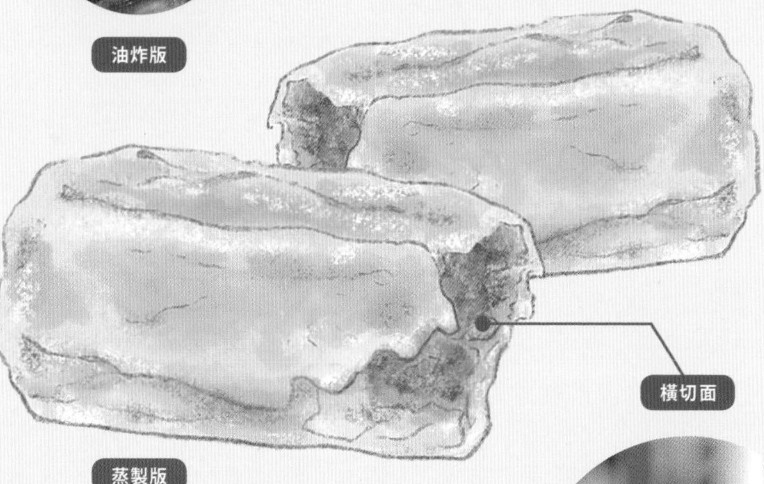

墨爾本 VS 南墨爾本

在墨爾本可以見到兩款燒賣，有的是柱體，有的則是圓圓的像個包，前者由 William 創立，後者則由 Ken Cheng 在南墨爾本改變外形而製成，被當地人稱為「South Melbourne Market Dim Sims」。

二戰時期 (1939-1945)

William 移民澳洲後，嘗試在當地製作燒賣，由於肉類供應緊張，因此加入**椰菜**。

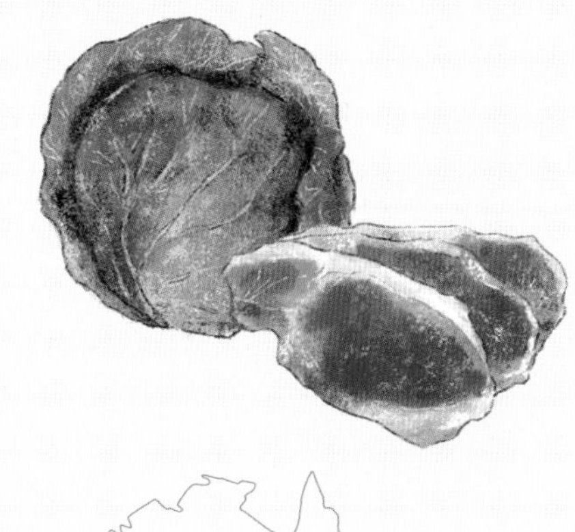

1945 年

William 成功研發 Dim Sim，並將它推廣給當地人，還調整了配方，製作出了商業版本，並在工廠大量生產 Dim Sim。為了便於運輸時保持外觀完整，便換上略為**厚實的外皮**。

1949 年

繼 William 之後，Ken Cheng 在**南墨爾本**製作 Dim Sim，最初在推車形式在市集銷售。後來開店成立「Dim Sims」。

足跡

現今 Dim Sim 的足跡遍佈澳洲的炸魚薯條店、加油站、中餐館、外賣店、茶樓和超市等等，甚至傳到毗鄰的新西蘭。

1980 年代

Ken 的兒子 Edward 和 Phillip 繼承了**「Dim Sims」**，並達成了出售急凍點心的交易，每週在工廠生產多達 20,000 個 Dim Sim。

DIM SIMS

「Dim Sims」為 Ken Cheng 在南墨爾本成立的店舖。

未來

充滿活力的美味

時至今日，魚肉燒賣不再單求價廉果腹，大眾不僅考慮美味與否，也開始關注健康和養生，甚至是食物的倫理和永續性。

拋開飽膩和罪惡感

燒賣令人又愛又恨，一口一粒讓人欲罷不能，但畢竟熱量偏高，很容易讓人感到罪疚而且飽膩。都市人食得豐富，卻運動得少，不少人開始追求更加健康的選擇。

藥膳燒賣

市面上開始有小店以藥膳燒賣作招徠，連鎖店健康工房亦以冬菇豬肉燒賣為基礎，推出「淮山杞子豬肉燒賣」，以藥膳「健脾滋陰」作賣點，連選用的豬肉也是「精選豬腿肉」，彈牙又少油脂。健康燒賣的出現，一改燒賣肥膩飽滯的印象，昇華成養生的美味。

素燒賣

乘著健康飲食的潮流，素燒賣亦以嶄新的形式重現。素燒賣本來是種傳統點心，通常會加入髮菜、筍、菇類等等食材。近年素燒賣再度興起，卻並非以傳統的外表登場，而是採用了黃色外皮，內餡以大豆蛋白纖維做出類似的煙韌口感。

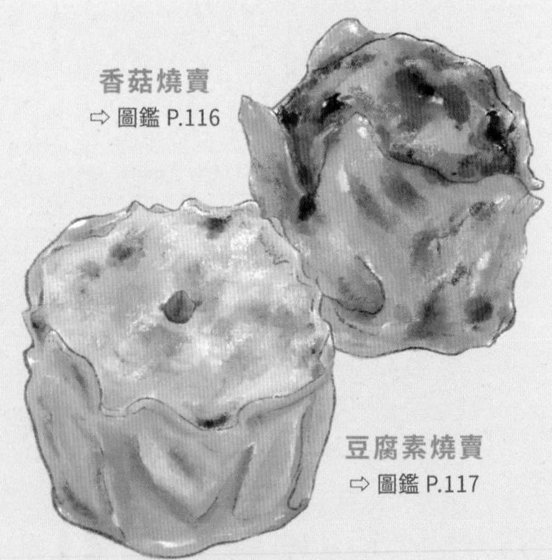

香菇燒賣
⇨ 圖鑑 P.116

豆腐素燒賣
⇨ 圖鑑 P.117

食得精明救地球

在果腹和健康以外，大眾越來越著重食材的可持續性，能否「長食長有」和食得道德，成為一個新時代饕客的指標。曾經，這些標籤幾乎等於昂貴和中產，經過多年的努力，現在終於惠及燒賣，發展出**「環保燒賣」**。

環保海鮮

世界自然基金會（WWF）自2007年起推動「環保海鮮」，意指依從可持續發展策略而捕撈或養殖的海鮮。世界自然基金會更出版了《海鮮選擇指引》，按此標準將各地海鮮和物種分類，期望大眾避免選購破壞環境的海產；國際組織海洋管理委員會（MSC）則針對野生捕撈漁業，推出生態標籤和永續漁業認證計劃。

無鬚鱈魚

本港的「許記魚蛋」就推出了 MSC 認證的魚蛋和燒賣。許記根據環保指引，試了多款魚肉，最後決定採用深海無鬚鱈魚代替傳統的魚種，更因此更改工序、份量和打漿時間，做出了貼近傳統味道的**可持續燒賣**。鱈魚味道濃郁，魚肉夠彈性，是個大膽卻非常合理的好選擇。

顧名思義，環保燒賣便是以環保海鮮為食材。環保的捕魚業可以維持漁獲，而不會影響其來源地的生態系統。想長食長有，環保燒賣確實是未來的大趨勢。

一起來欣賞插畫師
精美的作品吧。
燒賣調查員
師兄
燒賣調查員
希希

圖鑑展

SIUMAI EXHIBITION

3

- 001 -

鮮蝦豬肉燒賣

SHRIMP & PORK SIUMAI

顏色
COLOUR

經典款

主要成份 INGREDIENTS

豬肉

蝦

香菇

香港茶樓的經典款式，一籠約可放入 3 至 4 粒。多以飛魚籽或蟹籽裝飾頂部。在奢華的 80、90 年代，當時會用蟹黃點綴，至今在較高級的餐廳才找到；九七金融風暴，酒樓為了節省成本，用紅蘿蔔裝飾。

飛魚籽
FLYING FISH ROE

生的飛魚籽呈橙紅色，表面光滑通透，有反光位；熟的飛魚籽呈橙黃色，實心不反光。

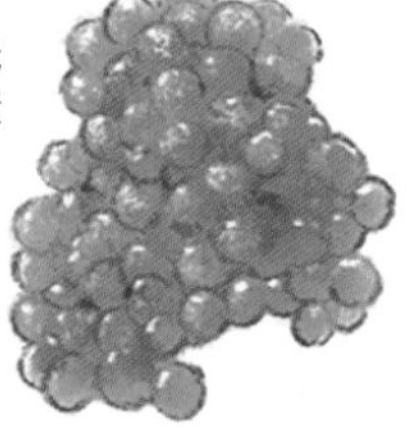

0.5-0.8mm

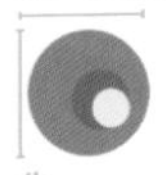

生　熟

飛魚
FLYING FISH

1kg

1~2yrs

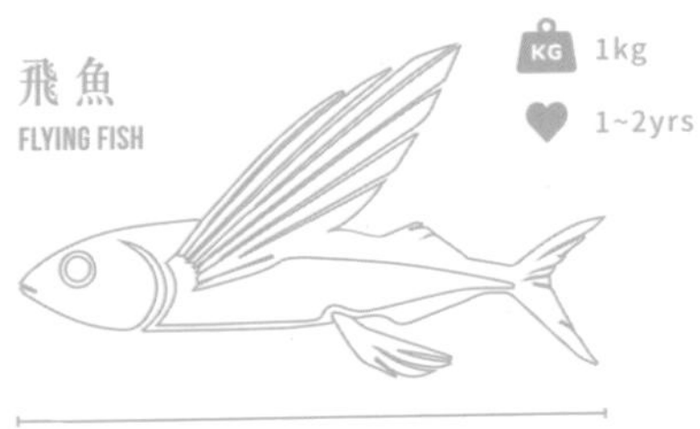

30~50cm

熱量 1 粒 ~ 60 kcal
視乎豬油份量，差異可以很大。

 平均重量

平均壽命

- 002 -

鵪鶉蛋燒賣

QUAIL EGG SIUMAI

顏色
COLOUR

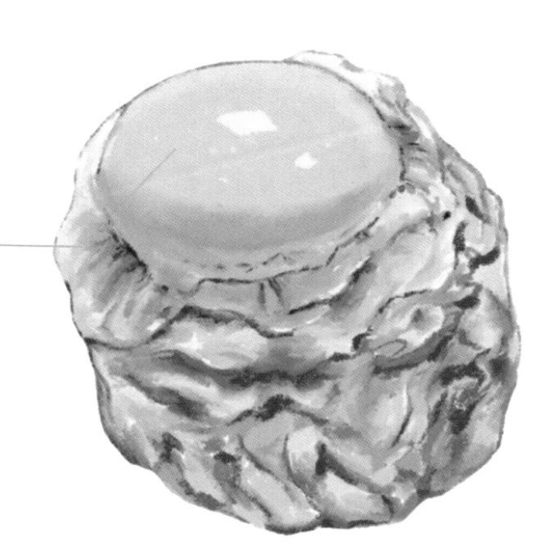

鵪鶉蛋
QUAIL EGG

經典款

主要成份 INGREDIENTS

鵪鶉蛋

豬肉

香港茶樓也常見有這個款式，一籠通常只有 3 粒。處理鵪鶉蛋時，可在烚蛋時加醋，讓其酸性溶解蛋殼表層的鈣質，然後剝殼時浸泡在水中，令蛋殼與蛋衣之間有水分，更易剝出完整而光滑的鵪鶉蛋。

熱量 1 粒 ~ 56 kcal

鵪鶉蛋
QUAIL EGG

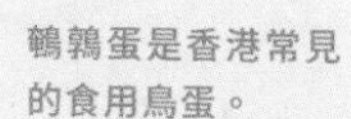

鵪鶉所產的卵，蛋殼表面有棕色斑點。

鵪鶉
QUAIL

- 003 -

魚肉燒賣

FISH SIUMAI

顏色
COLOUR

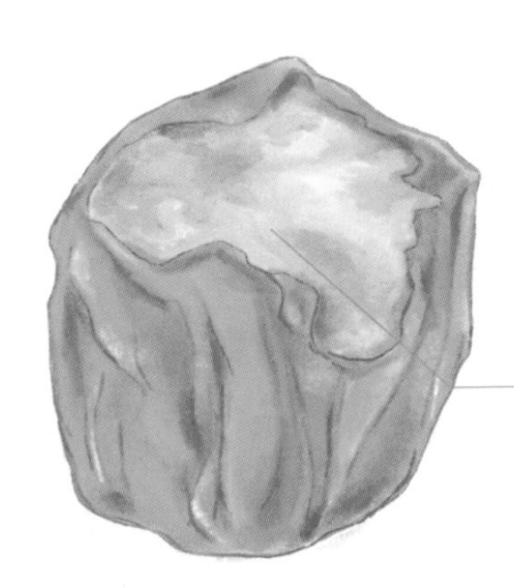

經典款

主要成份 INGREDIENTS

魚肉

麪粉

魚肉燒賣常見於香港街頭，起初是用以填飽肚子的廉價小食，因此會加入麵粉來增加飽足感。可使用不同魚類品種做出獨特的口感和味道。部分魚肉燒賣更會加入豬油，令燒賣做出來更多汁香濃。

熱量 1 粒 ～ 50 kcal
視乎豬油份量，差異可以很大。

魚
FISH

一般採用四季均有的魚類。

紅衫魚
GOLDEN THREADFIN BREAM

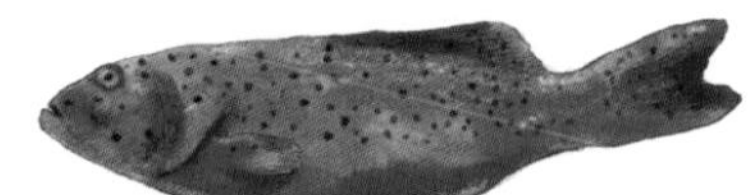
東星斑
LEOPARD CORAL TROUT

門鱔
CONGER-PIKE EEL

更多魚類
⇨ 詳見 P.50

- 004 -

牛肉燒賣

BEEF SIUMAI

青豆
PEA

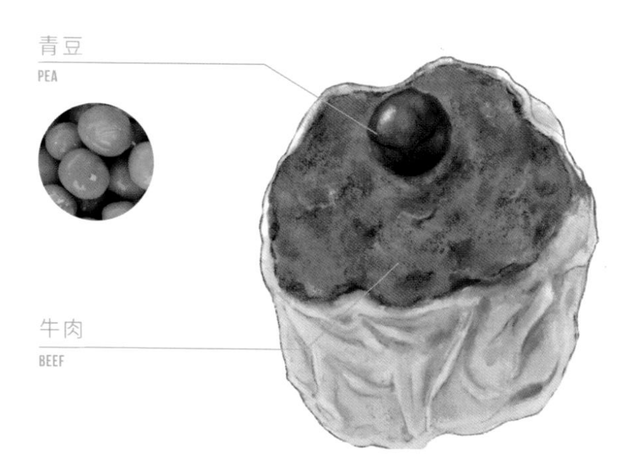

牛肉
BEEF

顏色
COLOUR

經典款

主要成份 INGREDIENTS

牛肉

青豆

牛肉燒賣的歷史更深遠，也是北方常用的餡料。牛肉燒賣傳入南方後依然存在，但形態則更精細，改為頂部不封口，以白皮包製，有些茶樓會在加入青豆做點綴。一籠牛肉燒賣多數有 2-3 粒。

牛
COW

900kg
18~22yrs

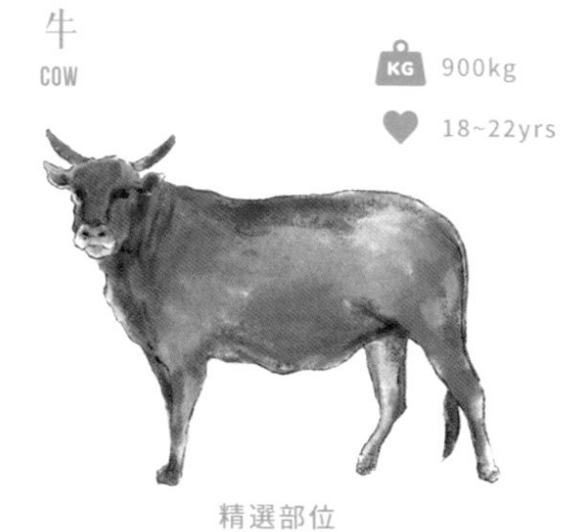

精選部位
⇨ 詳見 P.46

熱量 1 粒 ~ 54kcal

- 005 -

糯米燒賣

STICKY RICE SIUMAI

顏色
COLOUR

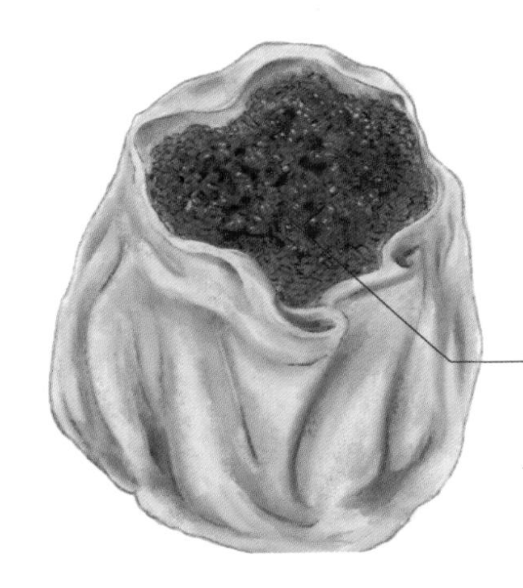

懷舊款

主要成份 INGREDIENTS

糯米

豬肉

香菇

燒賣在北方的主要餡料為肉類，傳到南方之後，開始出現以糯米為主要餡料的燒賣。餡料以浸泡蒸熟的糯米再配上豬肉炒製而成。每一顆糯米都晶瑩剔透，調味稍重，鹹中帶甜，鬆軟又不黏牙。

熱量 1 粒 ～ 67 kcal

糯米
STICKY RICE

整顆米粒粉白不透明，煮熟後的質感帶有黏性。一般分為長糯米和圓糯米，鹹食多用前者，甜食多用後者。

脫殼前
BEFORE SHELLING

含大量碳水化合物和鈉，患慢性病、糖尿病或體重過重人士不宜多吃。

- 006 -

豬潤燒賣

PORK LIVER SIUMAI

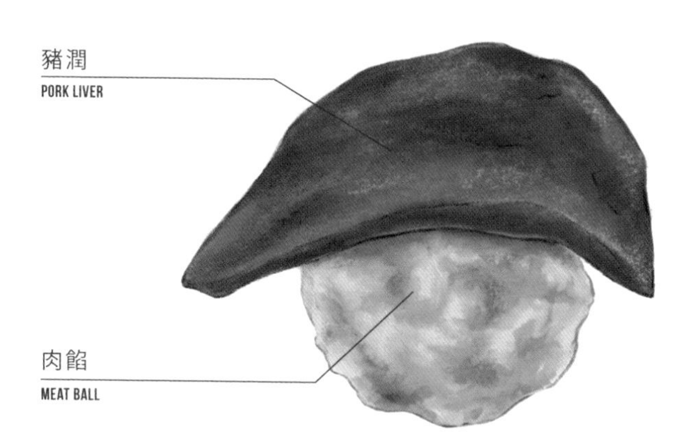

顏色
COLOUR

懷舊款

主要成份 INGREDIENTS

豬潤

豬肉

豬潤燒賣屬舊年代的茶樓經典款，將豬潤放在肉餡上，一籠通常只有兩粒。由於處理豬潤須先啤水洗淨，起筋後切片，整個過程花很長時間，因此現今已不常見這款燒賣，可能要到茶樓老店才能品嘗得到。

熱量 1 粒 ～56 kcal

豬潤

PORK LIVER

即豬肝臟。因為「肝」粵音為「乾」，廣州人嫌不好聽，故用反義字「潤」。

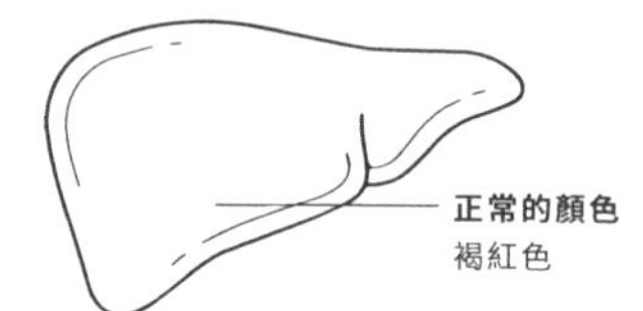

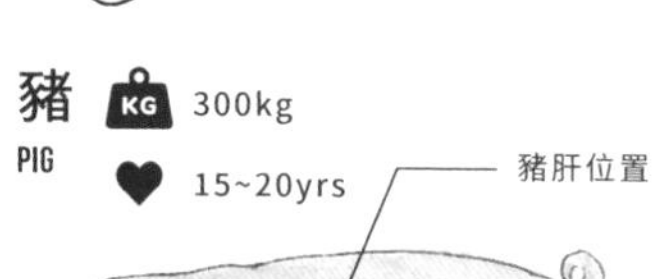

- 007 -

鮑魚燒賣

ABALONE SIUMAI

顏色
COLOUR

懷舊款

主要成份 INGREDIENTS

70 年代初是魚翅撈飯、鮑魚煲粥的繁華年代，香港經濟起飛，股市暢旺，鮑參翅肚生意愈做愈旺，鮑魚燒賣也成為酒樓的富貴款式。直至 1973 年股災出現，大量市民破產，奢侈的風氣一度消逝。

熱量 1 粒 ~ 96 kcal

鮑魚
ABALONE

鮑魚是四大海味之一，可以新鮮急凍，也可做成罐頭。而上等鮑魚，則通常曬製成乾貨。

乾鮑
DRY ABALONE

將鮑魚煮熟後曬乾而製成，此工序能保持鮑魚原味，同時令肉質變得幼滑。

- 008 -

青椒燒賣

GREEN PEPPER SIUMAI

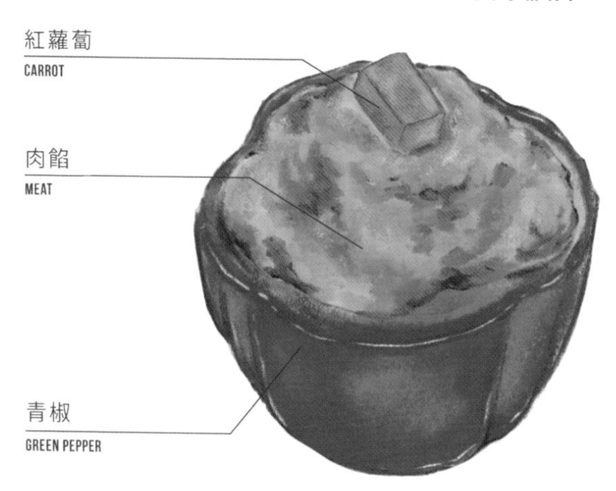

顏色
COLOUR

懷舊款

主要成份 INGREDIENTS

青椒　豬肉　紅蘿蔔

現今對燒賣的印象是用燒賣皮包着的燒賣，過往的點心用無皮有汁的肉餡也稱之為燒賣，而青椒燒賣歸納於「蒸釀」類別，將肉餡釀入青椒內，做法就似煎釀三寶這種香港常見的傳統街頭小吃。

熱量 1 粒 ~ 48 kcal

青椒
GREEN PEPPER

又稱甜椒或燈籠椒，因為綠色而俗稱「青椒」。青椒不辣，而且帶有甜味。

煎釀三寶
THREE STUFFED TREASURE

多數釀入鯪魚肉，然後油炸而成，進食時可蘸上甜豉油。

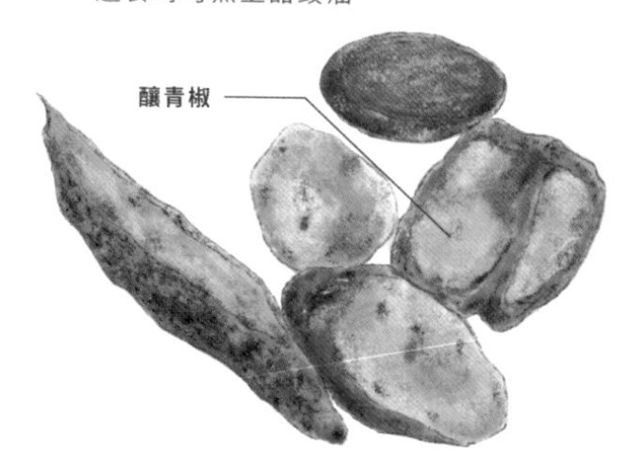

- 009 -

黑松露燒賣

BLACK TRUFFLE SIUMAI

顏色
COLOUR

創新款

主要成份 INGREDIENTS

黑松露

豬肉

黑松露燒賣屬中西合壁的豪華款式。黑松露帶有濃厚的菌類香氣，但難以種植而珍貴，因此在歐洲被譽為「廚房中的鑽石」。一般用於燒賣的是較便宜的黑松露醬，內含約 5% 的黑松露，已有強烈的香味。

熱量 1 粒 ～ 48kcal

黑松露

BLACK TRUFFLE

KG 30-60g

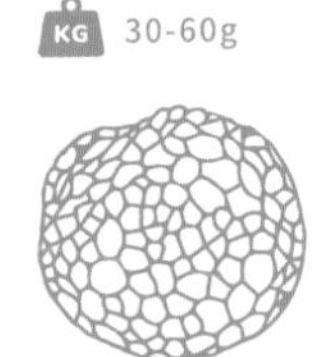
3~6cm

黑松露採集期

夏季（4-9月）	最常製成松露醬
秋季（11-12月）	產量較夏季黑松露少，價格相對較高
冬季（12-1月）	價錢最昂貴的品種

- 010 -

墨汁燒賣

CUTTLEFISH INK SIUMAI

墨汁
CUTTLEFISH INK

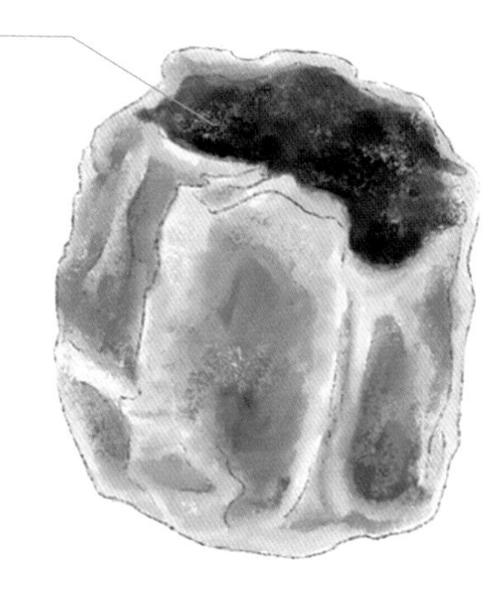

顏色
COLOUR

主要成份 INGREDIENTS

墨汁　墨魚　魚肉

加入墨魚汁就能做出破格的黑色肉餡，可配以白色燒賣皮來中和色調，也可在燒賣皮的麵糰加入墨魚汁做成黑色麵皮。墨魚汁味道濃郁，肉餡再加入切粒的墨魚肉，令燒賣鮮味十足，爽口彈牙。

熱量 1 粒 ~ 48kcal

墨汁
CUTTLEFISH INK

墨魚的體內有一個墨囊用來儲存墨汁。在受到驚嚇時，墨魚會噴出墨汁作為海中的煙幕，並趁機逃跑。

墨魚
CUTTLEFISH

KG 3~10kg

1~2yrs

處理方法
⇨ 詳見 P.52

- 011 -

菠菜皮燒賣

SPINACH SIUMAI

顏色
COLOUR

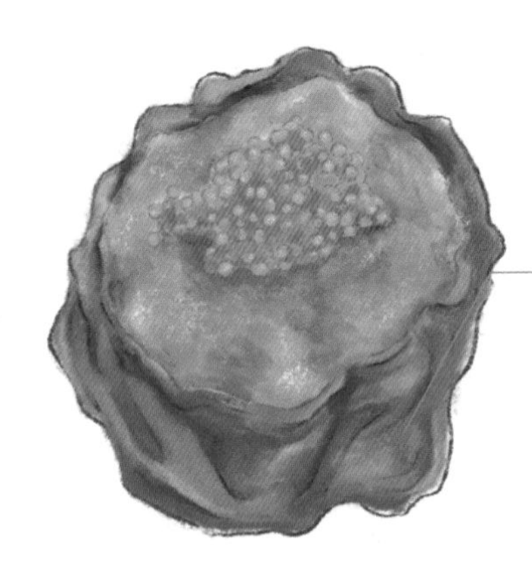

創新款

主要成份 INGREDIENTS

菠菜 豬肉

將菠菜等深綠色蔬菜切碎加水榨汁，就可以造成食物的天然染料。製成燒賣皮時，在麵糰加入菠菜汁就會變成綠色。顏色碧綠，因此又名為「翡翠燒賣」。中國揚州也有翡翠燒賣，但款式較接近北方燒賣。

熱量 1 粒～48 kcal

菠菜
SPINACH

最佳收成期為十一月至五月。

菠菜耐寒性強，一年四季都可以收穫，而冬季的菠菜則最鮮嫩。

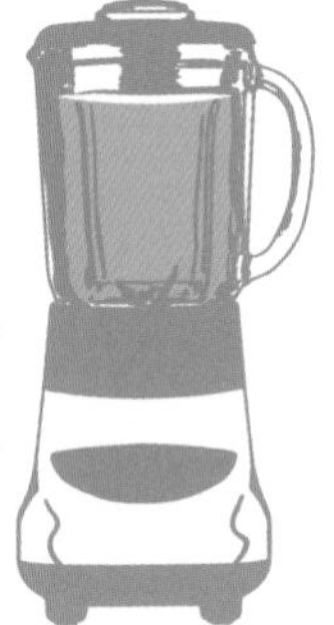

天然染料菠菜汁
SPINACH JUICE FOR NATURAL DYE

菠菜加水榨成汁後，可加入至燒賣皮麵糰，做成綠色的麵皮。

- 012 -

海膽燒賣

UNI SIUMAI

顏色
COLOUR

主要成份 INGREDIENTS

海膽　豬肉

海膽表面呈橙黃色，味道甘甜，肥厚飽滿而質感細膩，吃下去接近入口即溶。受日本料理文化影響，愈來愈多香港人認識這種食材的美味，更創出海膽與燒賣這個矜貴的配搭，增加鮮味，層次豐富。

熱量 1 粒 ～ 48 kcal

海膽籽
UNI

這個食用部位其實是海膽的生殖腺，可以直接生食，也可以烤來吃。

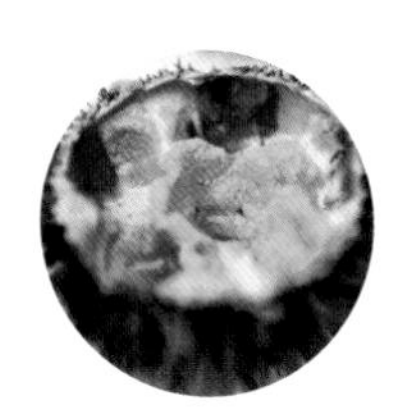

海膽
SEA URCHIN

又名「海刺蝟」，外形多呈球形、心形或扁薄形，外殼顏色有綠色、橄欖色、棕色、紫色及黑色。

85g

12~14yrs

3~10cm

芫茜燒賣

CORIANDER SIUMAI

顏色
COLOUR

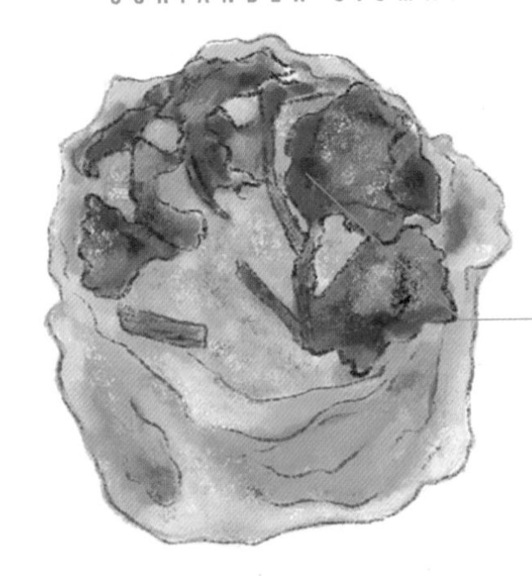

創新款

主要成份 INGREDIENTS

芫茜

魚肉

2020 年網絡上出現燒賣和芫茜熱潮，兩者各成為香港流行的食品，更有店家將兩者結合，芫茜燒賣繼而誕生。芫茜獨特而濃烈的味道並非人人能接受，有食客覺得臭，但亦有食客鍾情，評價非常極端。

熱量 1 粒 ～48 kcal

又稱「芫荽」，但荽的粵音為「衰」，因不好意頭而改作「芫茜」。

- 014 -

芝士燒賣

CHEESE SIUMAI

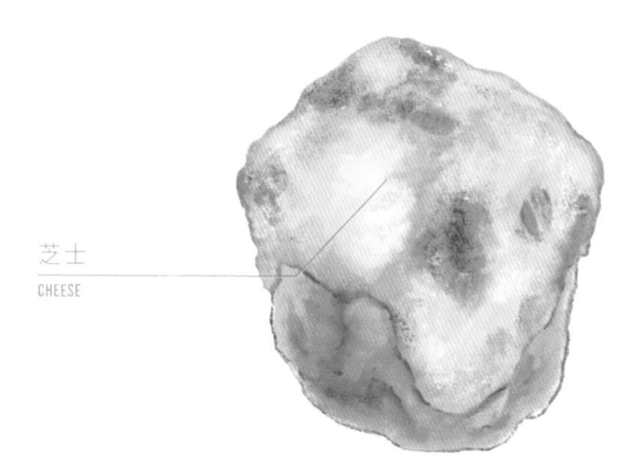

顏色
COLOUR

創新款

主要成份 INGREDIENTS

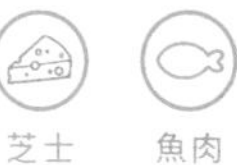

芝士　魚肉

芝士也是深受香港人歡迎的食品之一，味道濃厚而帶點奶香。可將芝士放於燒賣表面焗製做成熱溶芝士，也可在餡料中加入芝士做出流心的效果，甚至煮個芝士鍋來沾燒賣做出拉絲的效果。

熱量 1 粒 ~ 55kcal

芝士

CHEESE

由奶類製成。在常溫地方，芝士的質感一般是堅固的或是柔軟的半固體；將芝士加熱融化後，則可做出呈粘稠的半液態。

不同芝士的口味差距可以很大。

- 015 -

蒙古燒賣

MONGOLIA SIUMAI

顏色
COLOUR

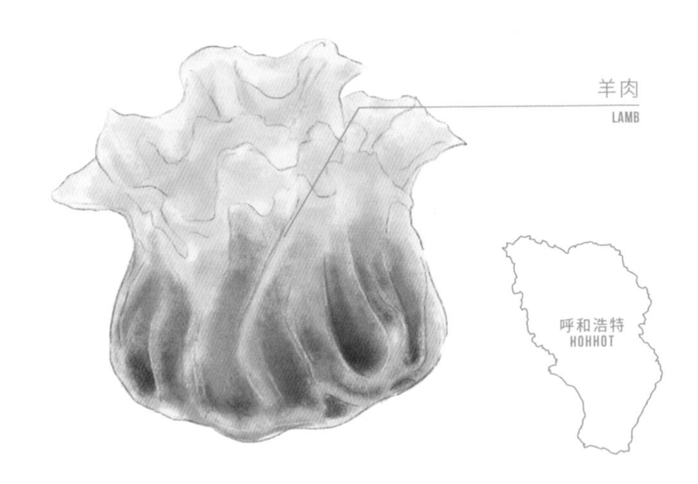

環球款

主要成份 INGREDIENTS

羊肉

大蔥

要追溯燒賣的源頭，從史料的記載可推斷是來自古時蒙古的呼和浩特，再於明末清初時流入中國。蒙古的燒賣多用羊肉配以大蔥製作，皮較厚實，形狀為開花形，向外伸展。

更多相關歷史
⇨ 詳見 P.62

熱量 1 粒 ～ 64 kcal

羊肉
LAMB

呼和浩特
HOHHOT

春秋戰國之前，呼和浩特住有北方遊牧民族，如匈奴、林胡、樓煩，他們以狩獵及遊牧為主，飼養馬、牛、羊。因此當時的燒賣餡料就主要用牛羊肉。

- 016 -

橫濱燒賣

YOKOHAMA SIUMAI

顏色
COLOUR

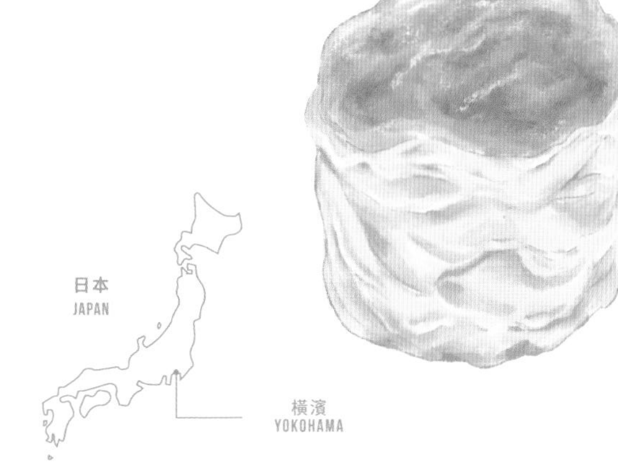

環球款

主要成份 INGREDIENTS

豬肉 蝦 青豆

日本人對燒賣的印象主要是橫濱燒賣，以崎陽軒為始祖，使用豬肉、蝦肉、瑤柱、洋蔥和青豆，做出冷掉了也好吃的燒賣，也是在觀看日本棒球賽時能品嚐的經典味道。

崎陽軒燒賣便當

シウマイ弁当

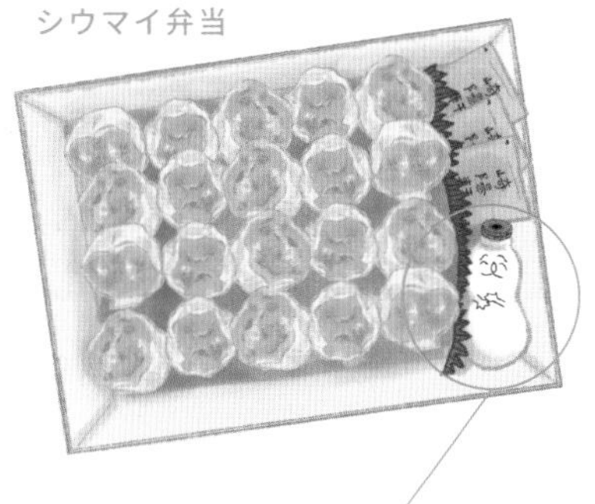

葫蘆娃

ひょうちゃん

1955 年，漫畫家橫山隆一先生在白色瓷器的醬油壺上繪製了 48 種不同的表情。

更多相關歷史

⇨ 詳見 P.92

熱量 1 粒 ～ 46 kcal

- 017 -

香菇燒賣

MUSHROOM SIUMAI

顏色
COLOUR

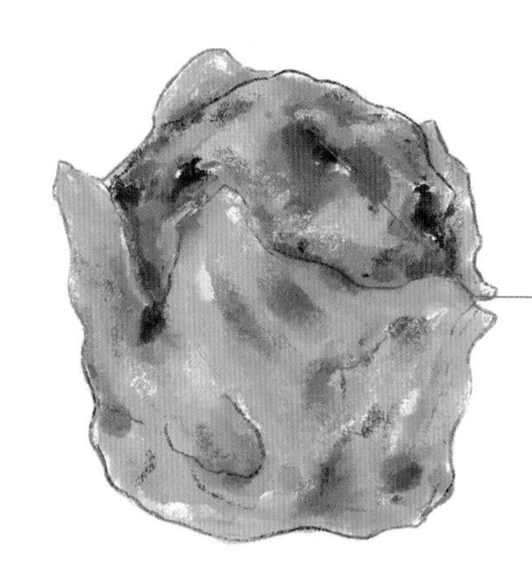

香菇
SHIITAKE

素菜款

主要成份 INGREDIENTS

豬肉

香菇

喜歡香菇味或對蝦敏感的人，可考慮製作香菇燒賣。將冬菇脫水做成乾冬菇，會散發濃郁而獨特的香氣。只要料理時用水泡浸再加入肉餡，就能吸收菇的鮮甜，令味道更有層次。切粒加入也能令燒賣更彈牙。

熱量 1 粒 ~ 48kcal

香菇 / 冬菇

SHIITAKE

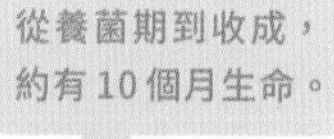

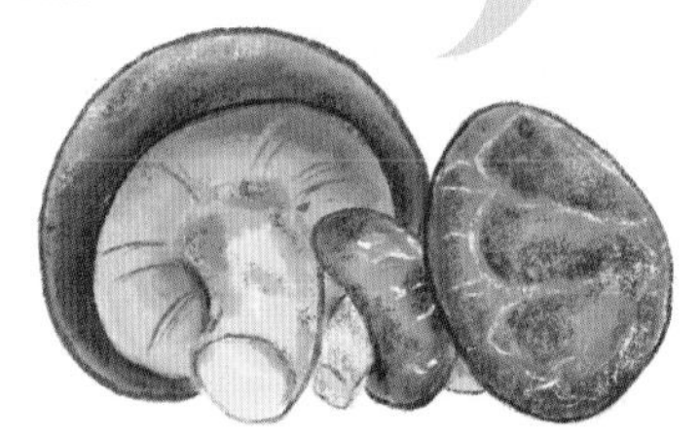

⇨ 詳見 P.53

曬過的乾香菇

SUN-DRIED MUSHROOM

乾香菇的營養價值比新鮮香菇高，含豐富的維他命D，以及鉀、鈣、鎂、鐵、鋅等礦物質。

- 018 -

豆腐素燒賣

TOFU VEGETARIAN SIUMAI

顏色
COLOUR

素菜款

主要成份 INGREDIENTS

豆腐　香菇　木耳　紅蘿蔔

着重健康飲食的人愈來愈多，不少食品開始出現素食版本，燒賣也不例外。可將布包豆腐壓碎，代替燒賣的肉餡，再加入香菇、木耳、紅蘿蔔等蔬菜，令口感和味道更豐富，也能攝取更多營養。

熱量 1 粒 ~ 36 kcal

豆腐
TOFU

由黃豆製造。素食之中，黃豆類食品含蛋白質較高，還有鐵、鈣、磷、鎂等礦物質，因而有「植物肉」之稱。

木耳
FUNGUS

又稱雲耳。

富膳食纖維可幫助腸胃消化。

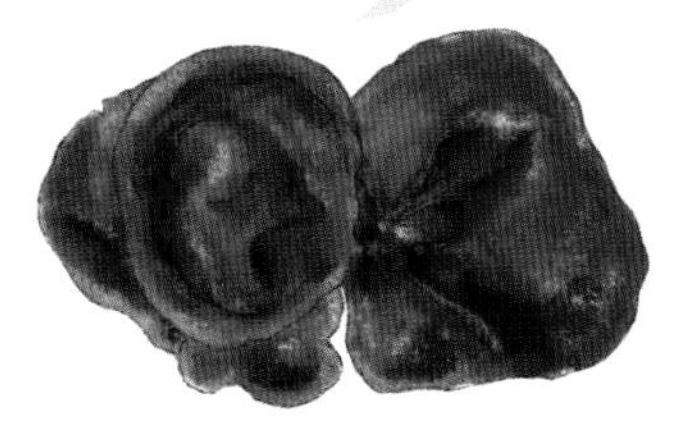

3~8cm

- 019 -

叮叮燒賣

DING DING SIUMAI

顏色
COLOUR

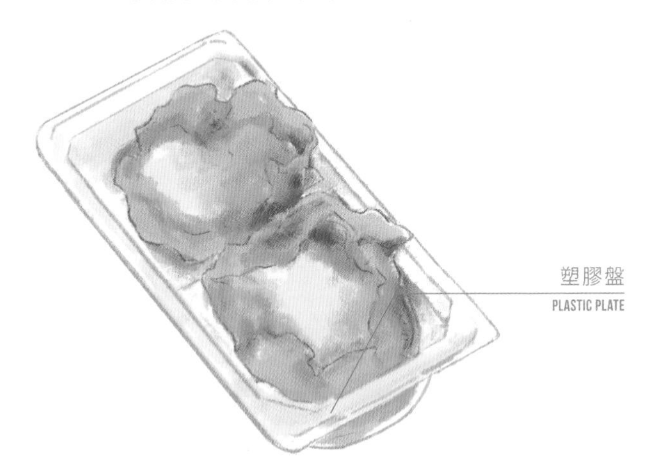

快餐款

主要成份 INGREDIENTS

燒賣

叮叮燒賣包裝
PACKAGE OF DING DING SIUMAI

只需放入微波爐加熱數分鐘，即可進食。即使在家也能隨時做出熱辣辣的燒賣。但注意別加熱過久，不然就會變得乾柴難入口。市面上的叮叮燒賣有魚肉、蝦肉、豬肉等口味，款式齊全，任君選擇。

微波爐
MICROWAVE OVEN

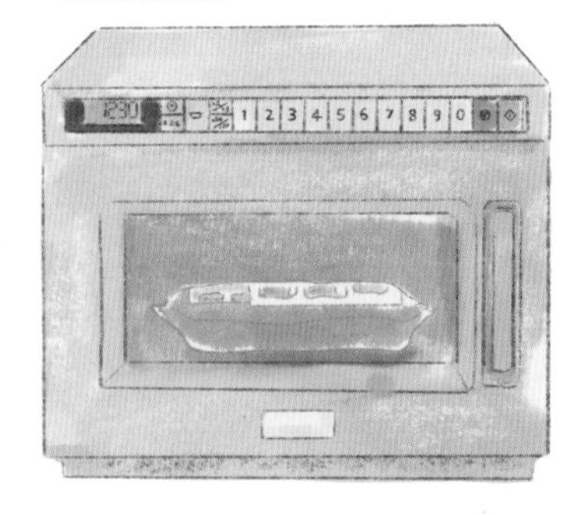

更多相關歷史
⇨ 詳見 P.86

熱量 1 粒 ~ 32kcal

- 020 -

炸燒賣

DEEP FRIED SIUMAI

顏色
COLOUR

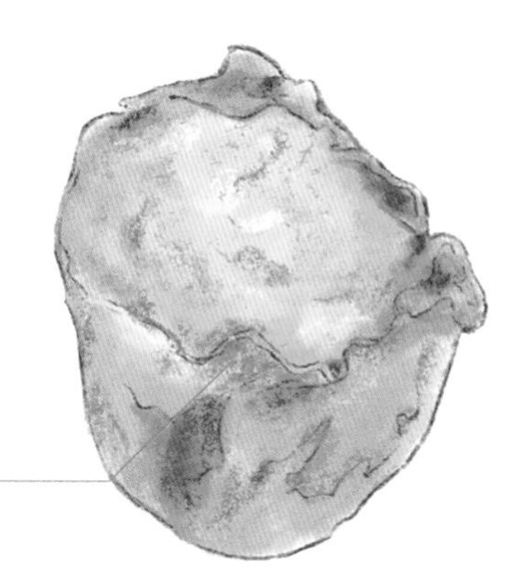

快餐款

主要成份 INGREDIENTS

燒賣

氣炸鍋是懶人首選，以熱空氣高速循環下烘烤燒賣，不用下油也能做出炸燒賣。過程只需要數分鐘，簡單易用又方便快捷。炸燒賣的外表脆口，帶點焦邊，配搭柔軟的燒賣肉餡，口感層次豐富。

氣炸鍋
AIR FRYER

氣炸燒賣一般只需要 8~10 分鐘。

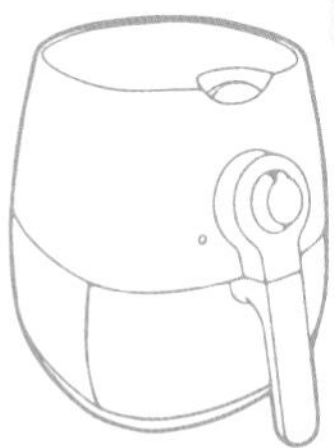

除了方便快捷的好處，氣炸比傳統油炸用的油少，脂肪和熱量也相對較低，也較為健康一點。

炸燒賣
DEEP FRIED SIUMAI

熱量 1 粒 ～ 54 kcal

- 021 -

朱古力燒賣

CHOCO SIUMAI

顏色
COLOUR

甜味款

主要成份 INGREDIENTS

朱古力

魚肉

香港人吃甜品無極限，居然想出朱古力與燒賣這個驚人的配搭，新奇又有趣，喜歡吃甜的可以挑戰這個口味，說不定會意外地好吃。另外，可在融化的朱古力中加入波特酒，會令味道層次更深厚。

熱量 1 粒 ~ 58 kcal

朱古力
CHOCOLATE

以可可豆為原材料製成，含有豐富的鐵、鈣、鎂、鉀和可可鹼，還有維他命 A 和 C。可可含量介乎 70%-99% 為黑朱古力；白朱古力則不含任何可可；介乎黑白朱古力之間，則可加入牛奶做成較甜的牛奶朱古力。

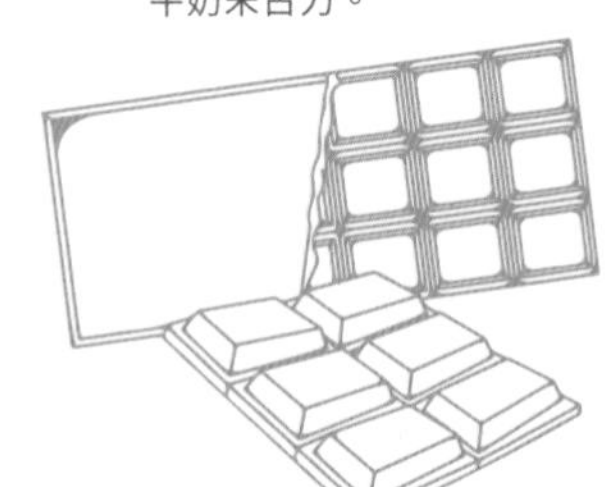

黑朱古力
70%-99%

朱古力
>50%

牛奶朱古力
＞10%

白朱古力
0%

% ＝所含的可可份量

- 022 -

粟米燒賣

CORN SIUMAI

粟米粒
CORN

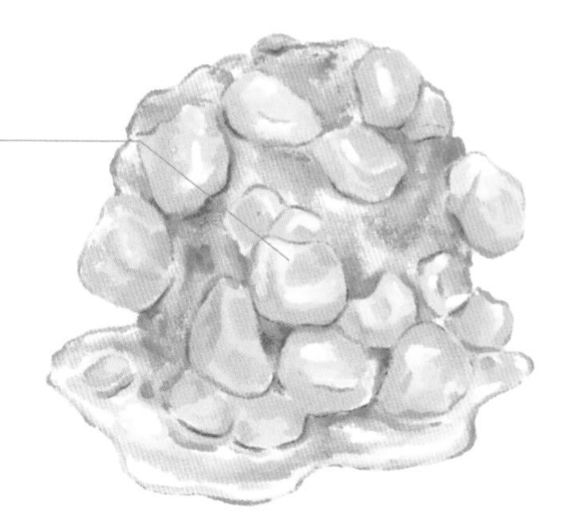

顏色
COLOUR

甜味款

主要成份 INGREDIENTS

粟米

豬肉

甜甜的粟米配搭豬肉的鮮味，天然的甜令人不覺膩，吃起來清新爽口，粒粒粟米多汁而有飽足感。除了加入粟米，還可配搭馬蹄，不但健康去膩，也會令肉餡的口感增加，味道也得以提升。

熱量 1 粒 ～ 50 kcal

粟米

CORN

粟米是全世界總產量最高的糧食作物，也可用來當飼料。而食用的粟米粒則是粟米的果實，多為黃色或白色，每顆粟米約有 800 粒。

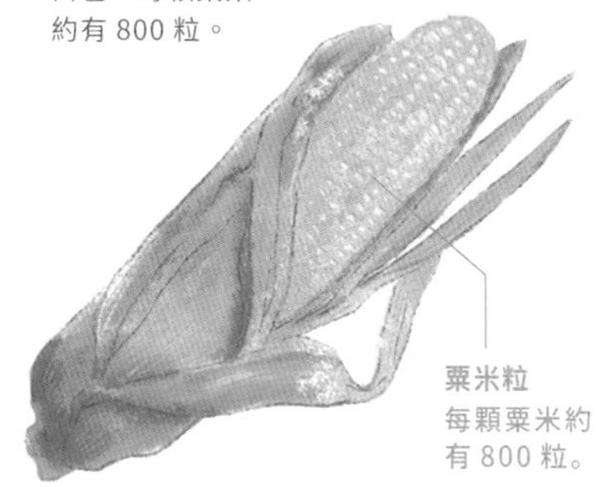

黃金比例燒賣

GOLDEN RATIO SIUMAI

顏色
COLOUR

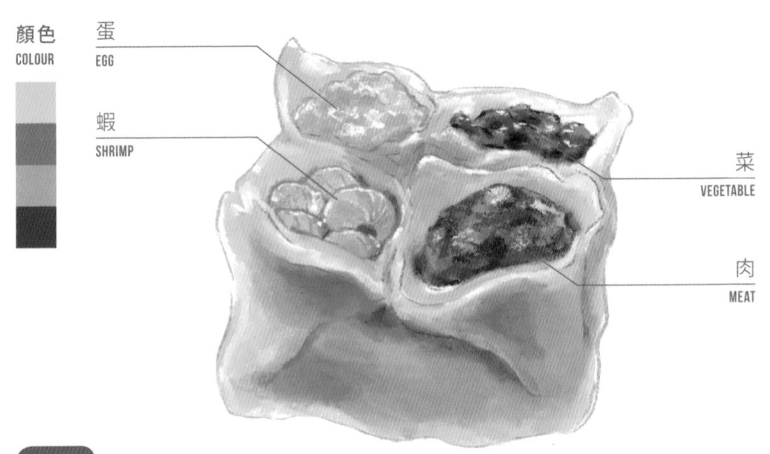

卡通款

主要成份 INGREDIENTS

豬肉

蝦

雞蛋

黃金比例燒賣是在日本料理動畫《中華一番！》出現的燒賣。以「肉8:菜5:蛋5:蝦5」的原則做出完美的黃金比例，再用鋼棍快速攪打製成。現實中為花式燒賣的一種，又被稱為「四喜燒賣」。

熱量 1粒 ~ 60 kcal

中華一番！

ちゅうかいちばん！

「肉8: 菜5: 蛋5: 蝦5」的黃金比例

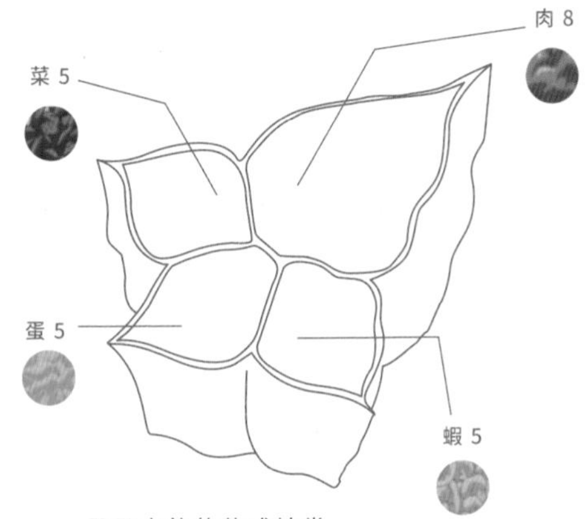

用了肉餡的款式被當時的人稱為「四喜燒賣」，非使用肉餡則被稱作「四喜餃」。

- 024 -

美少女戰士燒賣

SAILORMOON SIUMAI

卡通款

主要成份 INGREDIENTS

這是一粒虛構的燒賣：加入了美少女戰士的元素，象徵「愛與和平」，進食後能獲得守護地球、太陽系、整個銀河系的力量。即使只是想像，也並非不可能，燒賣未來的發展能擁有很多可能性。

熱量 1 粒 ～??? kcal

美少女戰士

SAILORMOON

金星 VENUS

水星 MERCURY

木星 JUPITER

火星 MARS

燒賣圖鑑展

- 總覽 -

OVERVIEW

鮮蝦豬肉燒賣

SHRIMP&PORK SIUMAI

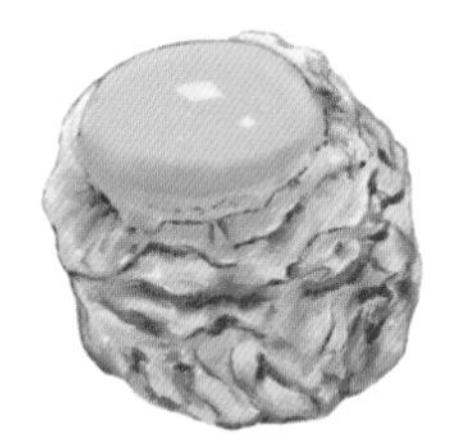

鵪鶉蛋燒賣

QUAIL EGG SIUMAI

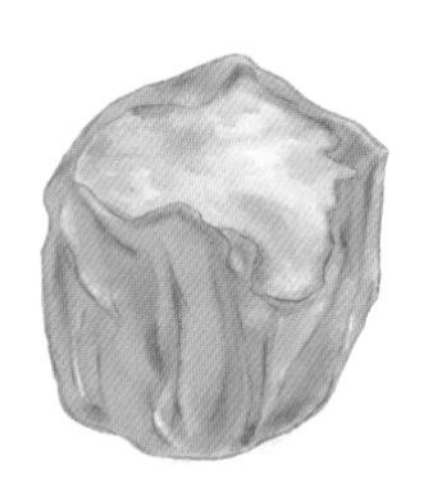

魚肉燒賣

FISH SIUMAI

鮑魚燒賣

ABALONE SIUMAI

青椒燒賣

GREEN PEPPER SIUMAI

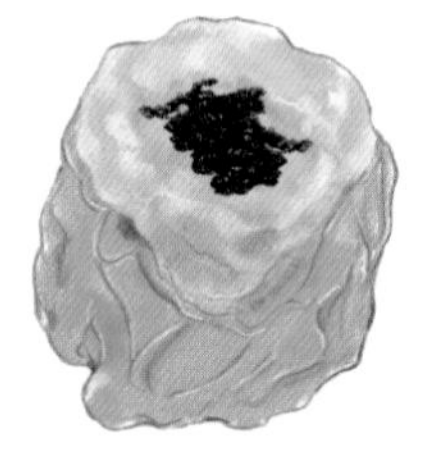

黑松露燒賣

BLACK TRUFFLE SIUMAI

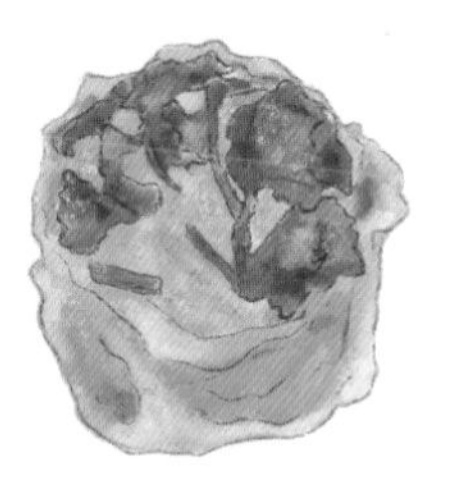

芫茜燒賣

CORIANDER SIUMAI

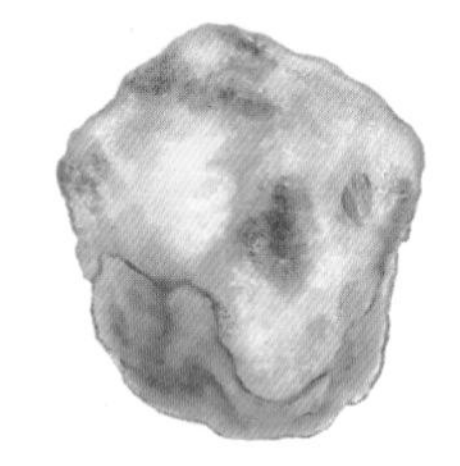

芝士燒賣

CHEESE SIUMAI

蒙古燒賣

MONGOLIA SIUMAI

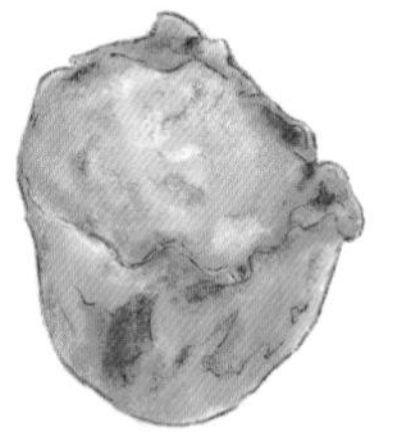

炸燒賣

DEEP FRIED SIUMAI

叮叮燒賣

DING DING SIUMAI

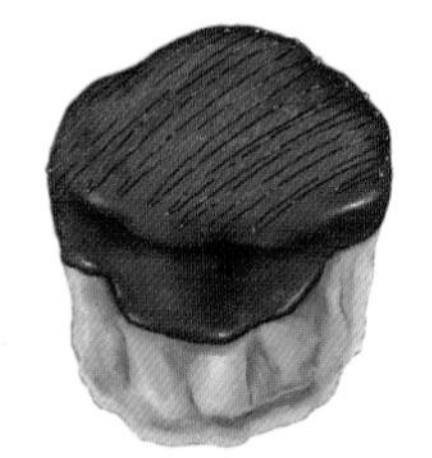

朱古力燒賣

CHOCO SIUMAI

SIUMAI EXHIBITION

燒賣調查員

牛肉燒賣
BEEF SIUMAI

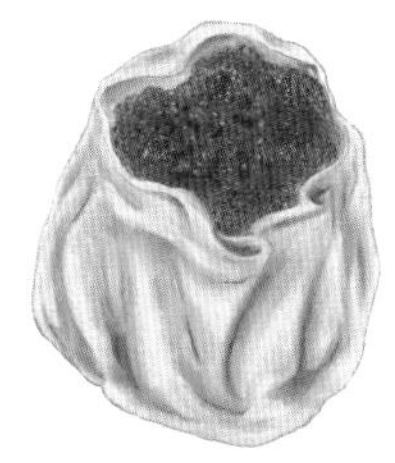

糯米燒賣
STICKY RICE SIUMAI

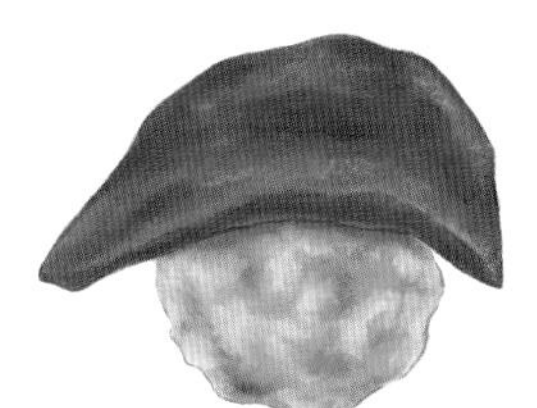

豬潤燒賣
PORK LIVER SIUMAI

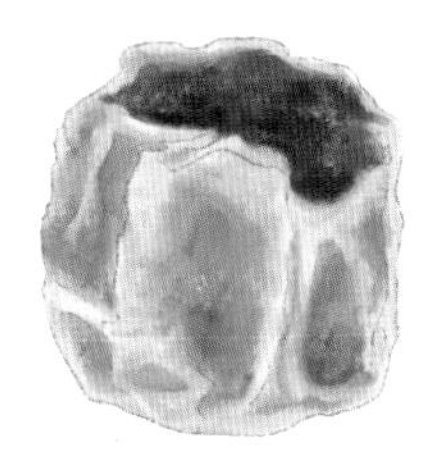

墨汁燒賣
CUTTLEFISH INK SIUMAI

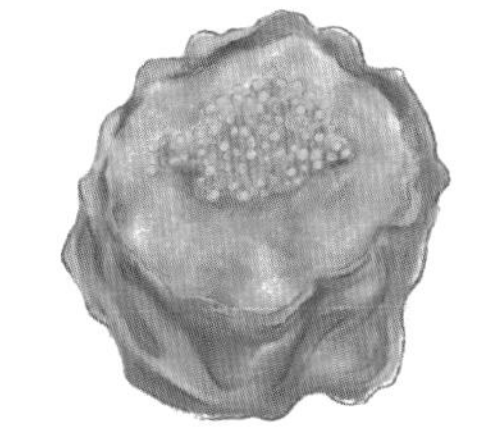

菠菜皮燒賣
SPANISH SIUMAI

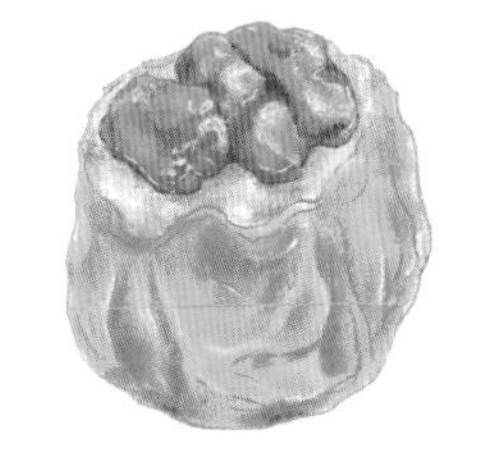

海膽燒賣
UNI SIUMAI

橫濱燒賣
YOKOHAMA SIUMAI

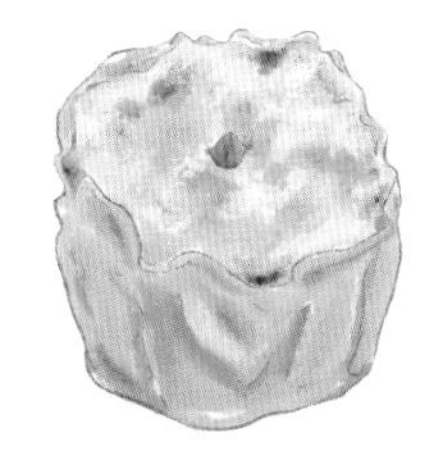

豆腐素燒賣
TOFU VEGETARIAN SIUMAI

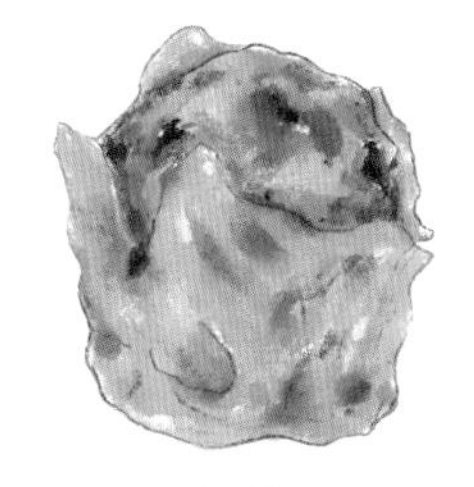

香菇燒賣
MUSHROOM SIUMAI

粟米燒賣
CORN SIUMAI

黃金比例燒賣
GOLDEN RATIO SIUMAI

美少女戰士燒賣
SAILORMOON SIUMAI

出發去～瞭解職人
的工作日常！
燒賣調查員
師兄
燒賣調查員
希希

職人訪談

SIUMAI INTERVIEW

4

佛記粉麵廠

企業家精神

- Since 1924 -

每日 24 小時不停運作，日日如是，年中無休。
送貨風雨不改，即做即送。

SIUMAI INTERVIEW

百年堅持香港製造

佛記粉麪廠自 1924 年在筲箕灣經營了近百年，由爺爺那一代開始，現已傳到第三代繼承人——Nelson。在香港製造愈來愈難生存的境況下，本身在加拿大讀書的 Nelson 回港接手。老字號最終轉虧為盈，而經典傳統的味道亦得以傳承。

Q. 怎樣為一塊好的燒賣皮？

好的燒賣皮，首先顏色一定要調整得好，如果顏色不夠，放蒸爐加熱後就會失色。其次要有韌性，不易穿爛才適合包餡，完成品一般能稍微拉扯。至於厚薄，則視乎不同客人的需要。

Q. 做燒賣皮要用甚麼材料？

燒賣皮主要的材料有雞蛋、麪粉、水，以及少量的鹼水。

佛記粉麪廠採用**台灣低筋麪粉**，台灣的麪粉一般較有筋度又較幼細，而且質素穩定。選用低筋麪粉，能做出滑身的燒賣皮；相反，使用高筋麪粉，則會令燒賣皮太煙韌。

雞蛋則使用**中國土雞蛋**，味道會更香；美國蛋雖尺寸大，但味道相對淡，兩者白灼出來後會有明顯的味道分別。

Q. 如何保存？

燒賣皮都是每朝早即做即送。燒賣皮過一天就會變質，麪粉中的蛋白質經過空氣會產生蛋白面。而且容易發霉，出貨前要放**風櫃**，保存於 10 度左右。

Q. 同樣用麵粉做，做燒賣皮和做麵有甚麼差別？

做燒賣皮比做麪要花更多時間。做麪壓 3-4 轉就可以，但做燒賣皮就得壓更多轉做薄。即使用再昂貴的機械做，也未必能將麪皮壓得很薄。加上這個過程更要準確控制水分及生粉，才可避免黏在機械的滾輪上，愈薄則愈難避免，因此用機拉薄到一定程度後，還**需人手用棍再壓薄**。

Q. 為何這麼少麵粉廠做燒賣皮？

製作燒賣燒賣皮花的時間長和功夫多，定價也會較高，很多餐廳也未必會在香港訂貨。每天的生產量其實不大，只會做 50 斤左右，大約 7500 塊（1 斤大約 150 塊）。

以前酒樓的師傅還會自己搓皮，現在香港**幾乎沒有本地工廠會製造燒賣皮**，可能也沒有 10 間，大多數都外判給中國廠製造或購買現成的皮，只有一流的酒樓或食府才會親自搓皮。

燒賣皮製作成本高，我本來也不打算繼續生產，不過，因為有些客人已光顧三四十年，便堅持繼續做下去。

Q. 如何堅持在香港製造？

食物工場的廠牌及裝修費用昂貴，通常需要三四百萬，即使業主加租也難以搬遷。其次，生產工序相對重覆，上班時間也非一般人能接受，屬於辛苦工種，難以招聘員工，也極少年輕人願意入行。

要繼續堅持香港製造，最好得**分散投資**。以往佛記粉麪廠九成九都是批發生意，現在也加入零售及飲食業，自己供貨給自己，鞏固收入來源。至於解決人手不足，方法之一就是機械自動化，以提升生產效率。

後記

香港製造愈來愈難生存，但仍然有人在堅守本業，同時想出新的出路。一粒燒賣以至一塊燒賣皮，背後的功夫與心血將奠定未來能否成為一流的基礎。

佛記粉麪廠

筲箕灣道亞公岩村道 6 號
新高聲大廈五樓

fatkeenoodle.com

延記燒賣

90後兄妹打拼

- Since 2020 -

客人食完之後會想再食，會回味，
會成為他們生活的一部分，就是好的燒賣。

CRAFTING

SIUMAI INTERVIEW

延續港式點心手藝

延記點心由兩兄妹於 2020 年創立，將香港人喜歡的港式點心延續。招牌燒賣有經典蟹子燒賣、黑松露燒賣、鵪鶉蛋燒賣及牛肉燒賣。他們分工互補，在觀塘經營食物工廠，親自製作高品質的點心，而客人可外賣回家，即使在家也能「飲茶」。

Q. 怎樣為一粒好的燒賣？

燒賣的餡肉吃起來彈牙，食落去有汁。客人食完之後會想再食，會回味，會成為他們**生活的一部分**，可能每星期或每日都想吃，就是好的燒賣。

Q. 哥哥入行做點心的契機是甚麼？

本身做過廚房，是做壽司的，但一直沒有滿足感，覺得好像沒甚麼**意義**。後來找到一份在酒樓做點心的工作，很辛苦但學到很多，包括切食材、打餡，以至分餡的好壞，例如餡一沒有鹽，就打不起膠。

Q. 為甚麼選擇創業？

見哥哥難得有這個手藝，加上年輕沒甚麼可以失去，便藉着創業做喜歡的事。香港人印象中，點心都較傳統，可能覺得老師傅才能做好，很少年輕人加入，畢竟這個行業很辛苦，凌晨三、四點就要起床備料。但我們都想嘗試去挑戰，**承傳港式點心**，客人覺得好吃，就會很開心、很滿足。

Q. 每日要怎樣準備？

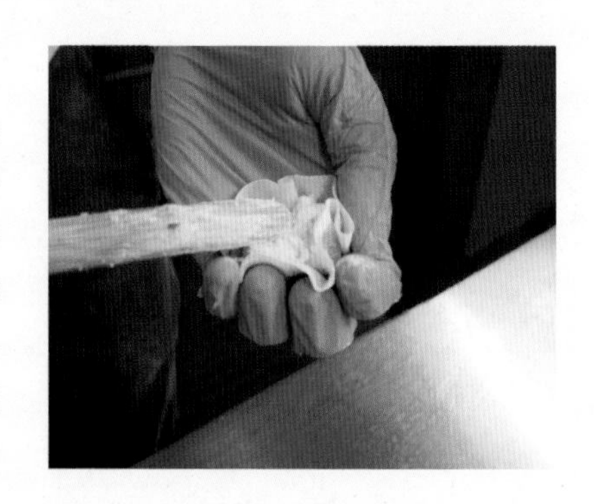

做燒賣要先將材料切粒，雞髀肉和蝦要啤水約 1 小時令口感更彈牙。牛肉餡就用牛𦟌肉，解凍起根，切條搞碎再醃一晚，蒸出來才會脹卜卜。打餡要邊打邊加冰，因為攪拌時會有熱力。

Q. 如何選擇燒賣的材料？

我們採用雞髀肉做燒賣的主要餡料，雖然成本高，且要人手切粒，但不用加工就有**嫩滑、彈牙**的效果。豬肉本身較硬，需要加工處理如加入梳打粉才會彈牙。即使本來不能吃豬肉，如果接受到少量豬油，也能享用。

燒賣皮則選用有些硬度的，但又不會太厚身的。因為做外賣要考慮運送時間，不會做到酒樓那麼薄， 不然送到的時候就已經變「腍」或變形。

Q. 最難忘是甚麼？

每一刻都很難忘，尤其是初創業沒甚麼經驗，由零到有發生過很多事情。以前客人落單是用 WhatsApp，試過覆到凌晨三點也未覆完，也試過漏單，後來就改為網上下單。又例如最初有交收服務，當時一日只有 6至7 單，便跑勻全港九新界去送給客人；後來就安排上門自取和外賣，並找到配合的司機按單出貨。這些都是挑戰，要慢慢**逐步解決**。

Q. 你們眼中的香港人是怎樣？

很熱情、很高質。他們常常會鼓勵，覺得好吃會打大篇文章，很溫暖！甚至有些客人會送食物給我們，這種感覺難以形容，意想不到！

Q. 廠廈 vs 街頭？

街鋪客人較多元，路過可能就會光顧；反之，食物工廠不能 walk-in，客人較單純，通常是朋友介紹，或網上見到覺得好奇便嘗試。所以對我們來說，**口碑很重要**，做得好才會有人繼續光顧。

後記

兩兄妹挑戰的精神，不但將傳统的手藝延續，還帶來了新的景象。燒賣不一定用魚肉或豬肉做，吃點心不再限於酒樓老店，這一行也不一定由老師傅去做。

延記點心

觀塘觀塘成業街 15-17 號
成運大廈 4 樓

theyinhk.com

HONG KONG - YUEN LONG

燒賣皇后

本土街頭小食

- Since 1988 -

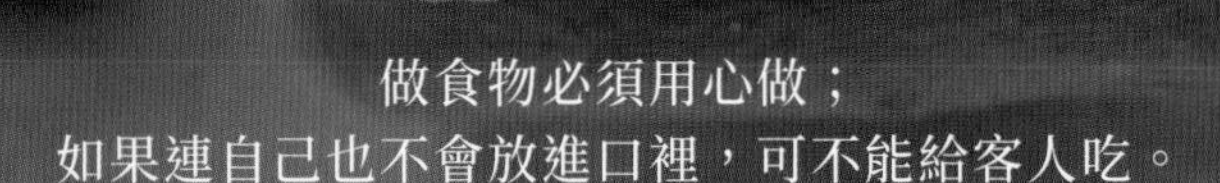

做食物必須用心做；
如果連自己也不會放進口裡，可不能給客人吃。

QUEEN OF THE STREET

SIUMAI INTERVIEW

我們的燒賣是黃色的

自 1988 年於元朗阜財街開店至今，經歷了兩代人——李林佩君女士和她的女婿 Jay Wong。兩代人同樣喜歡親手製作食物，堅持出品上乘的街頭小食，因此燒賣皇后九成食材都是自家製造，由本地工場生產，再直送至各家分店。

Q. 怎樣為一粒好的燒賣？

首先吃下去的質感要**爽口彈牙**，接着便是香味和調味。除此之外就是燒賣皮，一般會說追求「皮薄餡靚」，我們反而不是要追求皮太薄，如果太薄就會沒了層次，就像吃肉丸一樣。

燒賣皮適當的厚度才能夠令人吃到皮的質感，帶有些許煙韌。因此我們會讓粉麵廠特製，調配皮的厚薄，並定期改良。

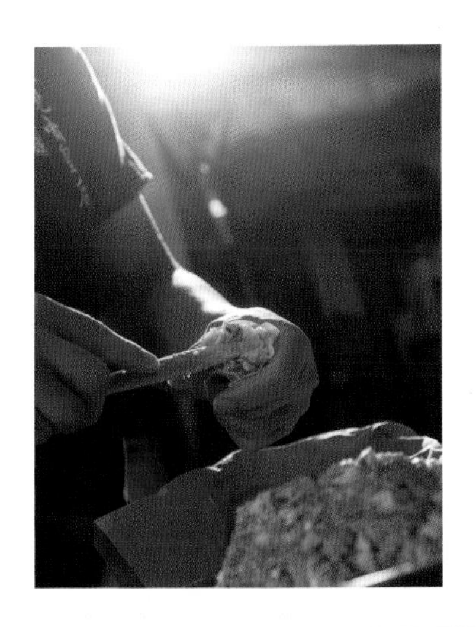

Q. 為何主打冬菇豬肉？

外母創立這家小食店時，希望賣自己**親手做的小食**，而非向供應商取貨。然後她就研究了燒賣這種較地道的小食，並想將酒樓的鮮蝦豬肉燒賣放進小食店。不過考慮到有些食客對蝦敏感，而且不像酒家即叫即蒸，長放於蒸爐會影響鮮蝦品質，於是就用冬菇代替，還研究加入鯪魚肉，令燒賣更結實彈牙，還可延長燒賣的壽命。

Q. 怎樣製作燒賣？

燒賣皇后主打冬菇豬肉燒賣，成分有鯪魚肉、豬肉、冬菇。首先處理餡肉，鯪魚肉和豬肉要分開處理，分別將它們打至有**膠質**，接著再加入肥豬肉和冬菇一起攪拌。之所以要分開處理，因為針對不同食材特性所要求的溫度都不同。行內有個說法，打得太久就會「燒咗」，口感會較削，不彈牙。而肥豬肉要最後加，太早加入會冒出油脂，因為打的過程會有熱力。包燒賣就要注意手勢，要包到粒粒都飽滿，令入面不會有空間。

Q. 蒸燒賣有甚麼要注意？

最基本一定要熟。燒賣要用**猛火蒸**，商業爐具的火力較強，用 10 分鐘已可蒸熟。用最短的時間令燒賣蒸熟，就可以避免肉汁流失。另外，燒賣在蒸爐保溫不可超過 45 分鐘，之後肉質就會開始變化。

Q. 如何配搭醬料？

醬料應屬輔助性質。皇后燒賣自家調配的豉油比坊間的沒那麼甜和竭身，避免遮蓋燒賣本身的味道。調校以**「香味」**為主，當中吊味的香料包括蔥、芫茜、蒜頭，味道盡量平衡，不會偏甜或鹹。

辣椒醬同樣自家製，用 6 種辣椒調配，分別取它的**香味、顏色、辣度**。吃下去首先出現的是香味，過一會辣味才逐漸出現，而其中一種辣椒更令辣味較持久。

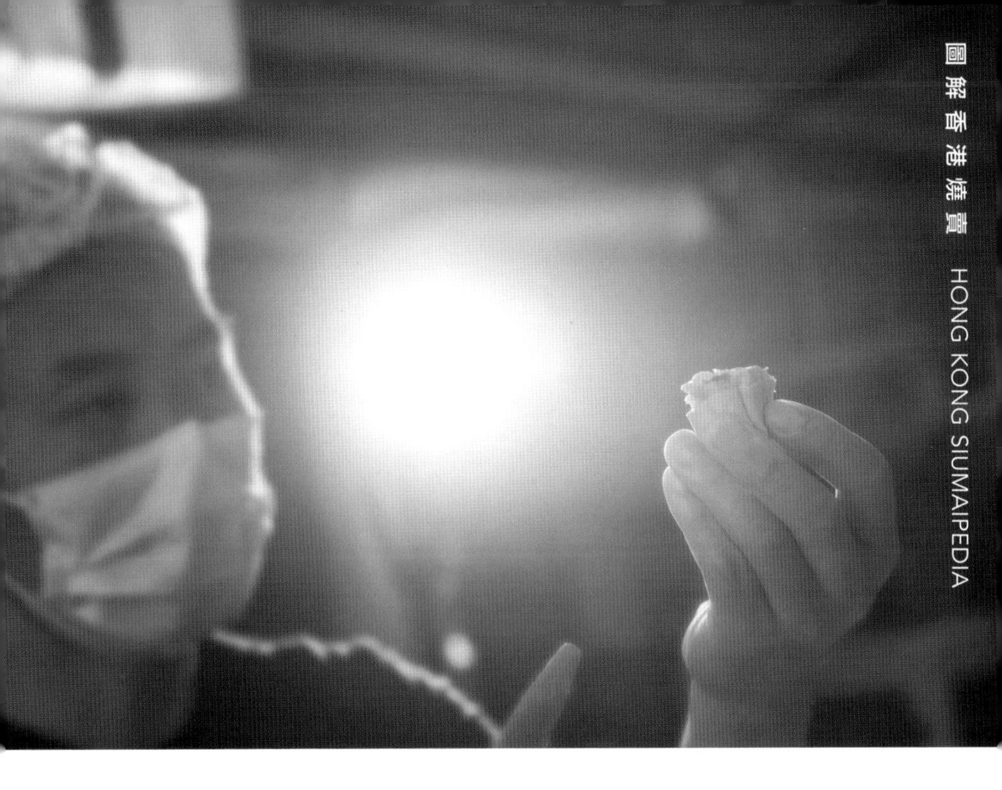

Q. 以前賣燒賣跟現在有甚麼不同？

第一代是在店鋪門口包燒賣的。一大朝早前往街市購買材料，處理餡料後，就坐在門口不停包。當時會預先將燒賣串起，以前沒有收銀機時，客人拿幾個硬幣來也能即時拿起一串，點一點醬汁就遞上。那時候還有夜間司機會光顧，門口有數張桌讓他們邊吃喝邊聊天。

現在衞生要求和法例都不同了，門口沒了桌子，燒賣也轉移至廠房生產。有些步驟也改為用**機器輔助製作**，調整至和手做的效果差異不大。

後記

皇后燒賣兩代人都着重親手製作，因此九成食材都是自家製造。一間店舖營業時間以外，背後還得花更多時間作準備功夫，一天花 17-18 小時，日日如是。

燒賣皇后

元朗阜財街 14 號宏豐大廈地下 11B 及 11C 號鋪

queenofsiumai.com

HONG KONG - COOKING ENTHUSIAST

janicoco

自家創意料理

- Since 2020 -

想將魚肉燒賣打破傳統，
嘗試豉油辣醬口味以外的創意食法。

HOME-MADE KITCHEN

SIUMAI INTERVIEW

將靈感變為精緻的料理

香港全職 OL，兼料理愛好者，最喜歡旅遊與美食。每次旅行最愛逛地道超市和小店，帶回當地特色香料和調味料。雖然不是專業廚師，但對待烹飪就像藝術品，除了用心製造，還追求出色的味道、色澤和口感，希望把靈感變為精緻的料理。

Q. 怎樣為一粒好的燒賣？

作為一個香港人，最喜歡**港式地道小食**，而魚肉燒賣就是我的最愛。理想中最好味的燒賣，除了皮薄餡靚，師傅更要將魚肉打成煙韌彈牙的魚膠。入口只有魚鮮味，而沒有魚腥味。最後，更要畫龍點睛，鮮豔黃色的燒賣再配上鮮甜的豉油和超級惹味的特色辣醬，就是完美的好燒賣。

Q. 為何用燒賣作食材？

大部分的魚肉燒賣都是加豉油和辣醬，食法普通。魚肉燒賣的主要成分其實是魚，而魚也很容易和其他口味配合。作為好奇心爆棚的白羊座，就想將魚肉燒賣**打破傳統**，嘗試豉油辣醬口味以外的創意食法。

Q. 花多少時間煮食？

週末的時候，都會好好煮一頓大餐與家人一起品嘗，所以每個週末都會花時間去超市和街市購買新鮮食材，晚上除了準備當日晚餐，同時會**提前準備**部分平日晚餐的材料。平日下班後，就可以用 30 分鐘至 1 小時簡單煮出美味的晚餐。

Q. 在家煮vs在街吃？

在家裡煮飯的成本可能和街外吃的價錢差不多。因為平日都要上班，所以每次有空煮飯時也會買好一點的食材。加上洗洗切切、備菜、烹調和洗碗等功夫，其實在家吃飯也真的一點都不便宜呢！

不過，在家吃飯總是最開心。除了可以根據**喜歡的口味**去烹調外，在食材、調味料和做法方面也更令人安心。最重要的是，每次在家煮飯後，得到家人和朋友的讚賞與感謝，都是動力和滿足感的最大來源。

Q. 通常在哪裡購買食材？

平時沒有特定地方買菜，會視乎食材需要而去特別的街市和超市。近年網購變得更便利，有時候自己也喜歡在網上購買一些優質的新鮮食材，或是預訂外國的特色材料，非常方便。

Q. 最喜愛哪一款食譜？

在 12 款食譜裡，我最喜愛**避風塘椒鹽炸燒賣**和**孜然土匪燒賣**。因為這兩款都是香港的特色口味，相信沒有香港人未試過。

避風塘和孜然口味與燒賣超級合拍，做法又簡單，所以是我經常 encore 的創意燒賣。

避風塘椒鹽炸燒賣 ⇨ 食譜見 P.151
孜然土匪燒賣 ⇨ 食譜見 P.153

Q. 怎樣找到創意靈感？

2020 年大部分時間都在家，又沒法去旅行，所以平常就會煮不同國家的菜式，例如日韓、泰國、意大利、西班牙等口味，想像在餐桌去旅行。而燒賣又能代表香港人，靈感一觸下，就想到**「燒賣去旅行」**的主題。

Q. 有甚麼想跟香港人說？

很榮幸自己是土生土長的香港人，無論面對什麼難題，香港人都可以用**創意和聰明**的方法去解決。I am proud to be a Hongkonger!

後記
創意的精神，源於對身邊事物的觀察和想象。從 Janicoco 的創意食譜可以見到她對日常生活的心思，將普通的食材變得賞心悅目，令人眼前一亮。

Janicoco Kitchen
janicoco.com (Blog)
Janicoco Kitchen
jann.coco
MeWe Janicoco Kitchen

HONG KONG - INTERNET
香港燒賣關注組
愛好者召集
- Since 2020 -

因為燒賣而走在一起——
原來燒賣也可以玩到天外有天的層次。

SIUMAI INTERVIEW

開發燒賣的無限可能

社交平台上專頁「香港燒賣關注組」成立目的是「召集燒賣愛好者及關注燒賣質素和價錢升幅」，並專注於街頭的魚肉燒賣。他們並非討厭酒樓燒賣，不過就是喜歡那種日常的小確幸感覺，所以他們整個專頁幾乎都是討論魚肉燒賣。

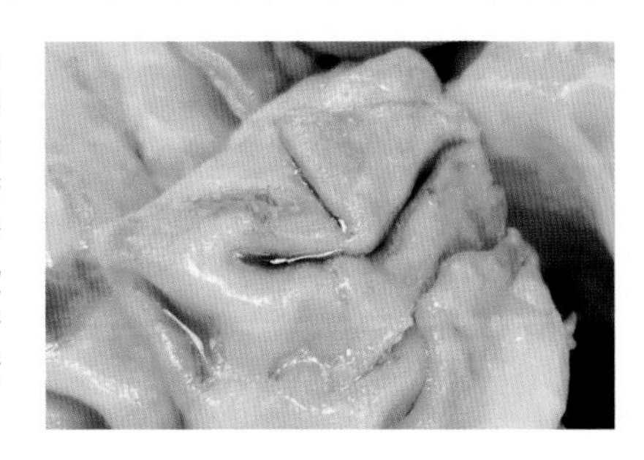

Q. 為甚麼關注魚肉燒賣？

選擇魚肉燒賣的原因很簡單，因為「就手」，街頭到處都有小食店。從童年到現在到處都能吃到魚肉燒賣，對我們來說這就是 **comfort food**。而出於熱愛魚肉燒賣的初心，我們便成立了「香港燒賣關注組」。

Q. 成立專頁的目的？

最初只是在吃燒賣時順手影相放專頁當作記錄，後來開始寫食評便盡量以統一的標準試盡全港的魚肉燒賣，希望讀者看完後親身嘗試，以行動支持燒賣的發展。本來以為無人理會，怎料一年就聚集了十萬幾個一起「認真做無聊事」的「會友」。

不少**會友報料推介**，希望我們盡快試食。以前我們可能經過店舖才會試食，亦很少排隊，現在遇到大量會友集中推介，我們還會特意跨區前往。

Q. 最遠去哪裡食？

最迂迴曲折的試食體驗有屯門龍門居的**「悅來老朱小食」**和荃灣石圍角村的**「冠華粥麵」**，用了差不多一個半鐘頭才到達。

稱這兩間為「隱世美食」實在是當之無愧，兩間都以手工包製燒賣，滋味不枉此行，味道和口感都有自家特色，所以多遠都值得去一次。

Q. 日日食燒賣？

我們在家平均每星期會吃 1-2 次作早餐，外出平均每星期食 1-2 次。很多人以為我們每天都吃，其實小食要少食才享受，**貴精不貴多**，食太多反而會厭呢。

Q. 為了食可以多盡？

除此之外，世界各地如日本、法國、荷蘭、秘魯等都有會友找香港燒賣關注組閒聊，以燒賣訴說思鄉之情，甚至開始嘗試自己製作燒賣。然而，在外國要不是難買到類似的魚肉，就是無法買到那塊黃色的外皮。

美國無得買，自己係屋企整😁😁

投下稿先

嘩！美國會友

引發話題後，專頁漸漸收到一連串的**食譜投稿**。起初食譜投稿都是「正路」搓搓外皮、打一下魚膠，後來幾乎成了競賽，甚至有會友親自釣魚，然後包製燒賣！

Q. 燒賣對香港人而言是甚麼？

不論是早餐、下午茶小吃、還是下班，燒賣幾乎進駐了我們生活的各種時刻。我們不難舉出曾經和某某在食過燒賣的片段，或者和不同人懷緬一間已經結業的小食店。燒賣承載著很多**集體回憶**，更是種本土情懷。

有時候食燒賣只是為了匆匆填飽肚子，可是有時候也會特意尋遍附近的大街窄巷。在疲憊不堪的時刻，一串熱辣辣又煙韌的燒賣足以帶來一點慰藉，這也難怪很多會友人在異地都會懷念街頭燒賣。

後記

成立短短一年便成為城中熱話，其認真做無聊事的精神更引發不同事物的「關注組」，將香港本土特式的一面呈現，也凝聚不少同好者發掘「好嘢」。

香港燒賣關注組

Facebook 香港燒賣關注組
Instagram hksiumaiconcerngroup
MeWe 香港燒賣關注組

janicoco創意料理
開發你的味蕾！
燒賣調查員
希希
燒賣調查員
師兄

廚房食譜

SIUMAI KITCHEN

SIUMAI KITCHEN

避風塘椒鹽氣炸燒賣

TYPHOON SHELTER STYLE
AIR FRIED SIUMAI WITH SPICED SALT

避風塘椒鹽炸燒賣

材料

燒賣	適量

調味料

避風塘蒜酥*	適量
白胡椒	適量
鹽	適量

避風塘蒜酥 *

材料

蒜	1-2 個
辣椒	1-2 條
蔥花	適量

調味料

雞汁	適量

做法

避風塘蒜酥 *

① 將蒜頭、辣椒、蔥切碎，並瀝乾待用。
② 冷鍋冷油加蒜蓉和辣椒。
③ 用最小火慢慢炸蒜蓉和辣椒，中途加雞汁。
④ 炸蒜蓉和辣椒期間，視乎鍋子熱度，重覆將鍋子舉起離火，避免鍋子太熱炸燶蒜蓉和辣椒。
⑤ 最後蒜酥變金黃色時熄火，加入蔥花，用餘溫炸至焦脆。

TIPS
炸完避風塘蒜酥的油可留下煎炸其他食物，但只限馬上用，不建議留過夜。

避風塘椒鹽炸燒賣

① 燒賣無需解凍，直接將急凍燒賣沾上避風塘蒜酥油，加入適量的鹽和白胡椒。
② 放入氣炸鍋用 180°C炸 10 分鐘。
③ 取出燒賣反一反，再繼續 180°C炸 5 分鐘。
④ 燒賣熱烘烘出爐後拌入避風塘蒜酥即可。

TIPS
如果有細格網墊可以隔住蒜酥周圍飛，可以在最後 5 分鐘將避風塘生蒜材料與燒賣一起炸。

SIUMAI KITCHEN

孜然土匪燒賣

BANDIT STYLE

GRILLED SIUMAI WITH CUMIN

材料

燒賣	8 粒
油	適量
黑芝麻	適量

調味料

蒜粉	½ 茶匙
米酒	½ 湯匙
糖	¼ 茶匙
醬油	½ 茶匙
蠔油	1 茶匙
孜然粉	½ 茶匙
五香粉	¼ 茶匙
白胡椒粉	適量
辣椒粉	適量

做法

① 急凍燒賣解凍後，與所有調味料拌勻醃 20-30 分鐘。

② 燒賣放在烤架上，焗爐無需預熱，用 200°C焗 15 分鐘。

③ 取出燒賣。再撒上適量辣椒粉和黑芝麻做點綴。

麻辣口水燒賣

SPICY STYLE

STEAMED SIUMAI WITH CHILI AND SICHUAN PEPPER

材料

燒賣	適量
葱	適量

調味料

醬油	1 湯匙
醋	1 茶匙
麻油	1 湯匙
花椒油	1 湯匙
粗粒黃糖	2 茶匙
粗粒花生醬	½ 湯匙
芝麻醬	2 湯匙
雞汁	1 茶匙
花椒粉	½ 茶匙
辣椒油	適量
白芝麻	適量
白胡椒	適量

做法

① 急凍燒賣放在碟上，合蓋隔水大火蒸 15 分鐘，水滾後可轉中火。

② 將所有調味料拌勻即成麻辣口水醬汁。

③ 燒賣蒸熟後，隔走倒汗水，再將麻辣口水醬汁均勻地淋在燒賣上。

④ 依個人喜好，最後可再加上蔥花、芫荽等伴碟。

❶

❷

❷

TIPS

用粗粒黃糖及粗粒花生醬可以增加燒賣的口感。

SIUMAI KITCHEN

三杯燒賣

3-CUP STYLE

SIUMAI WITH SESAME OIL, RICE WINE AND SOY SAUCE

材料

燒賣	8 粒
金不換	3-5 片
辣椒	1 條
蒜	1 瓣
薑	1 片
油	適量

三杯調味料

麻油	1 湯匙
米酒	1 湯匙
醬油	1 湯匙
冰糖	7 克

做法

① 急凍燒賣解凍。

② 將蒜和辣椒切細粒。

③ 下油開鍋，用小火煸香薑，蒜和辣椒，並加入冰糖炒溶。

④ 開始炒燒賣及加入三杯調味料。

⑤ 燒賣變金黃色和熟透後，關火加入金不換拌勻。

鹹蛋黃燒賣

GOLDEN STYLE
FRIED SIUMAI WITH SALTED EGG YOLK

材料		**調味料**	
燒賣	10 粒	牛油	20 克
鹹蛋黃	2 粒	咖喱葉	1 撮
油	適量	辣椒	1 條

做法

① 急凍燒賣解凍。
② 辣椒切細待用。
③ 鹹蛋黃隔水蒸 5 分鐘。
④ 用叉子將蛋黃壓碎。
⑤ 用油開鑊，鍋子熱後加點辣椒爆香鑊。
⑥ 放入燒賣，以半煎炸形式將燒賣煎炸至金黃色，然後取出待用。
⑦ 用另一個鍋子，放入牛油，並以中火溶化牛油。
⑧ 牛油完全溶化後，放入壓碎了的鹹蛋黃炒勻。
⑨ 鹹蛋黃炒至起泡後，加入辣椒和咖喱葉拌勻。
⑩ 最後加入燒賣拌勻鹹蛋黃醬即可。

青檸檬酸辣燒賣

SOUR & SPICY STYLE
STEAMED SIUMAI WITH LIME & GARLIC

材料

燒賣	8 粒

調味料

蒜	3 瓣
青檸檬	1 粒
魚露	½ 湯匙
水	2 湯匙
糖	1 茶匙
辣椒	1 條
芫荽	適量

做法

① 急凍燒賣無需解凍，放在碟上。
② 合蓋隔水大火蒸 15 分鐘，水滾後可轉中火。
③ 將蒜、芫荽和辣椒切碎。
④ 用手來回按壓青檸檬，切半並擠出青檸檬汁，可留幾片作伴碟用。
⑤ 將所有調味料拌勻。
⑥ 取出已蒸熟的燒賣，將青檸檬酸辣汁均勻地淋在燒賣上。

SIUMAI KITCHEN

西京燒燒賣

SAIKYO STYLE
SIUMAI YAKI WITH MISO

材料

燒賣	5 粒
油	1 湯匙

調味料

白味噌	1 湯匙
味醂	1 湯匙
料理酒	1 湯匙
糖	¼ 茶匙

做法

① 急凍燒賣解凍後，切成一半。
② 將所有調味料混和至平滑，用掃均勻地掃在燒賣上。
③ 燒賣沾滿了調味料後，放入雪櫃醃 1 小時。
④ 焗爐無需預熱，將燒賣放在烤架上用 200°C焗 15 分鐘。

❶

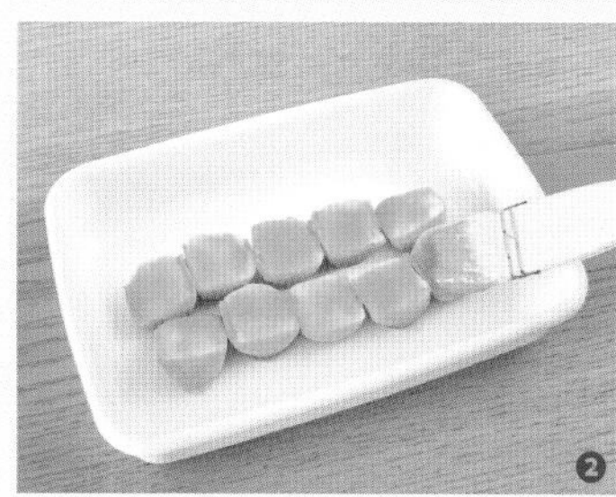
❷

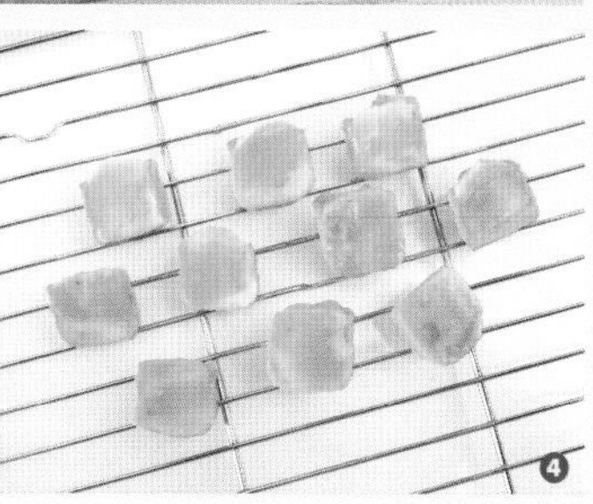
❹

SIUMAI KITCHEN

甜辣炸燒賣

SWEET CHILI STYLE

FRIED SIUMAI WITH SWEET AND SPICY SAUCE

材料

燒賣	10 粒
蛋	1 隻
油	2 茶匙
麵包糠	適量
蔥花	適量

調味料

蒜	2-3 瓣
韓式辣醬	1 湯匙
番茄醬	1 湯匙
糖漿	2 湯匙
料理酒	1 湯匙
醬油	1 湯匙
油	適量
白胡椒	適量
白芝麻	適量

做法

① 將蒜切成幼細蒜末待用。

② 將蛋打入碗拌勻，加入 2 茶匙油拌勻，另外準備一個碗放麵包糠。

③ 將急凍燒賣均勻沾上蛋汁和麵包糠，然後再沾一次蛋汁和麵包糠。

④ 將沾上麵包糠的燒賣以 180°C氣炸 15 分鐘。

⑤ 小鍋子下油和蒜末開鍋，加入其他調味料拌勻即成甜辣醬。如有需要，可將甜辣醬將過篩，隔走蒜末。

⑥ 燒賣完成氣炸後，放入甜辣醬中拌勻，令每一面都沾上甜辣醬即可。

②③

④

⑤

⑥

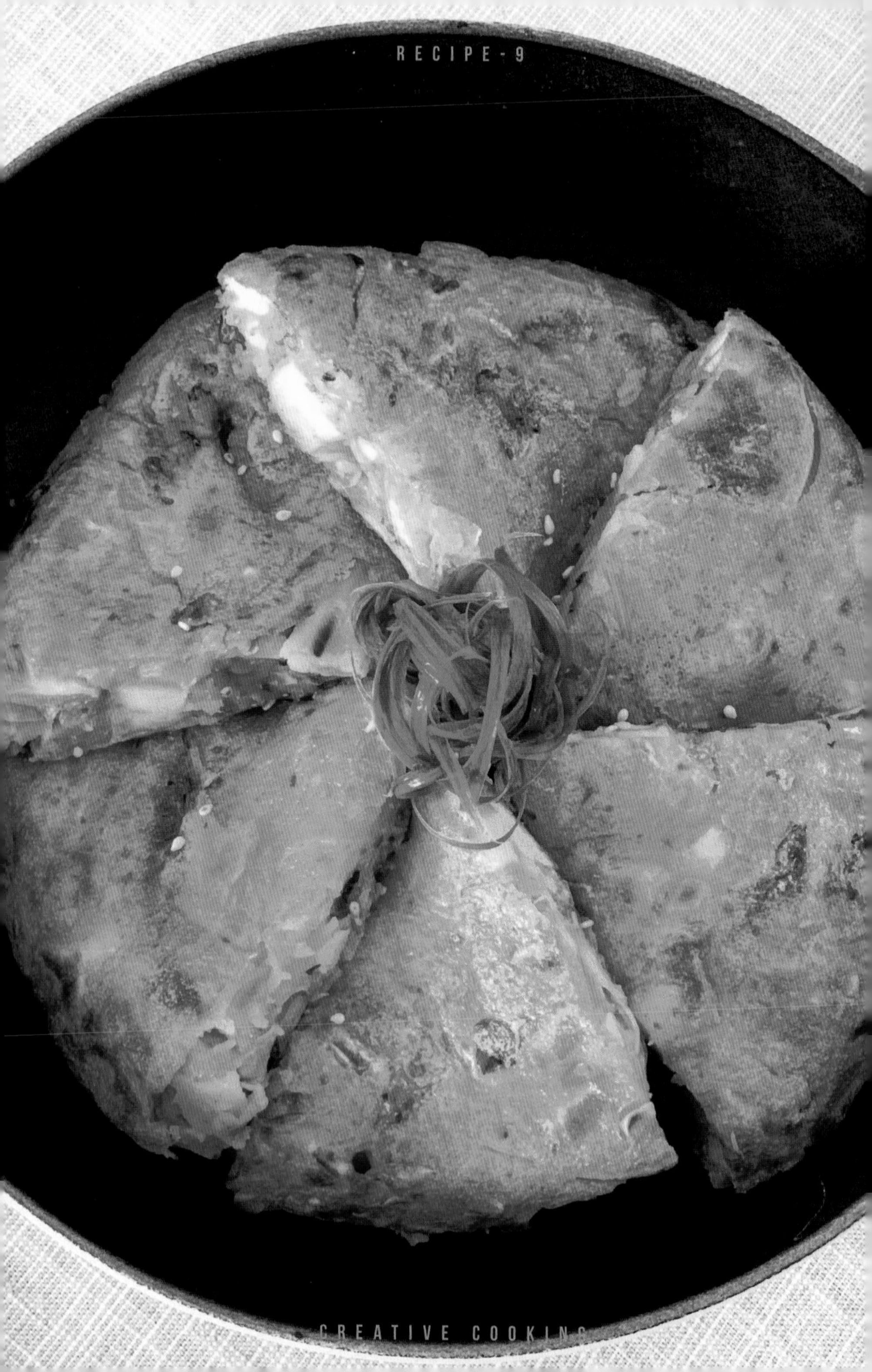

燒賣泡菜煎餅

SPICY STYLE
KIMCHI PANCAKE WITH SIUMAI

材料

燒賣	3 粒
低筋麵粉	35 克
水	85 克
泡菜	60 克
洋蔥	適量
蔥	適量

調味料

麻油	½ 湯匙
糖	1 茶匙
韓式辣醬	1 茶匙
油	適量

做法

① 視乎個人喜好，將燒賣，洋蔥，蔥及泡菜切碎待用。
② 將水加入麵粉並拌勻至平滑的麵糊。
③ 將所有材料及調味料拌勻，成為煎餅麵糊。
④ 平底鍋下油開鍋，鍋熱後加入麵糊，並令麵糊平均地鋪在鍋上。
⑤ 合蓋以中小火將兩面煎成金黃色即可。

①

②③

④

⑤

TIPS
煎成薄薄一層的煎餅，脆脆的餅底再加煙韌的燒賣口感最好！

水牛城炸燒賣

BUFFALO STYLE
FRIED SIUMAI WITH SPICY HOT SAUCE AND CREAM CHEESE

材料

燒賣	10 粒
紅蘿蔔	適量
西芹	適量

調味料

牛油	40 克
美式辣椒醬	20 克
糖	1 茶匙
蜜糖	1 茶匙
黑胡椒	適量
甜椒粉	適量
蒜粉	適量

沾醬

酸忌廉	適量
藍芝士醬	適量
蕃茜	適量

做法

① 急凍燒賣無需解凍，掃上油後撒上蒜粉、甜椒粉和黑胡椒粉。
② 紅蘿蔔及西芹洗淨，切成幼條，瀝乾待用。
③ 將已調味的燒賣放入氣炸鍋，以 180°C炸 10 分鐘。
④ 取出炸了 10 分鐘的燒賣，搖勻後繼續以 180 度炸 5 分鐘。
⑤ 牛油用小鍋熱溶，加入其他調味料拌勻，製成水牛城辣椒醬。
⑥ 全部燒賣炸完後，迅即倒進水牛城辣椒醬並拌勻。
⑦ 最後可搭配紅蘿蔔條、西芹條和酸忌廉藍芝士沾醬。

TIPS
如喜歡濃稠的醬汁，可加生粉令水牛城醬變濃稠。

SIUMAI KITCHEN

蒜香蜜糖 BBQ 燒賣

BARBECUE STYLE

GRILLED SIUMAI WITH GARLIC AND HONEY

材料

燒賣	適量
油	適量

調味料

燒烤醬	適量
蜜糖	適量
蒜粉	適量

做法

① 急凍燒賣無需解凍，直接泡水 15 分鐘。

② 泡水後，用掃將燒賣塗上油及燒烤醬，並撒上蒜粉。

③ 焗爐無需預熱，200°C焗 10 分鐘。

④ 將剩餘的燒烤醬與蜜糖拌勻。

⑤ 燒賣取出，再塗上蜜糖和燒烤醬。

⑥ 200°C再焗 5 分鐘。

SIUMAI KITCHEN

熔岩芝士燒賣

LAVA STYLE BAKED SIUMAI WITH CHEESE

材料

燒賣	6 粒
莫扎里拉芝士	1 片
車打芝士	1 片
瑞士芝士	1 片
洋蔥	適量
油	適量

做法

① 急凍燒賣解凍。
② 在燒賣表面均勻地掃上油，然後放在鐵盤上。
③ 將三片芝士疊起，根據個人喜好切成長條或粒狀。
④ 將芝士鋪在燒賣上。
⑤ 洋蔥切碎，下油開鍋並煎香，然後鋪在燒賣上。
⑥ 焗爐無需預熱，以 200°C焗 18 分鐘。
⑦ 最後可撒上喜歡的香草及香料作點綴。

③

④

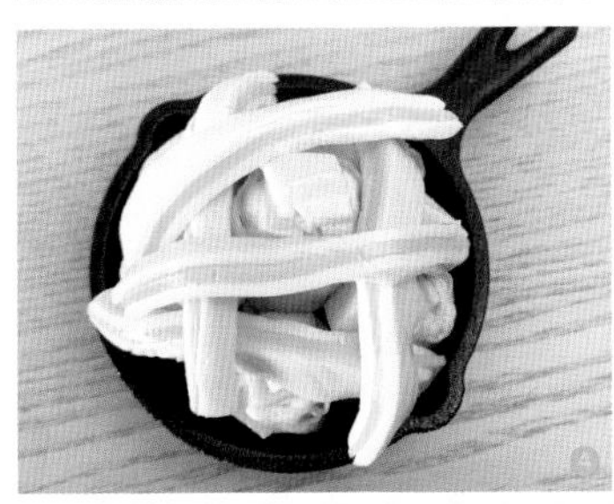
④

⑤

ELEVEn
親身體驗港九新界
的燒賣小店！
燒賣調查員
師兄
燒賣調查員
希希

街頭選店

SIUMAI SELECTION

REVIEW-1 新界區

REVIEW-2 九龍區

REVIEW-3 港島區

6

新界區

燒賣選店

屯門
TUEN MUN

味道 TASTE
★★★★☆

口感 TEXTURE
★★★★★

醬汁 SAUCE
★★★★☆

賣相 LOOK
★★★★☆

性價比 VALUE
★★★★☆

悅來老朱小食

TOTAL
21 pt

自家製「賣晒就冇！」

內餡以豬肉混合魚肉，豬肉比例剛好，啖啖肉而且油味豐富；薄皮多摺，口感彈牙，軟糯入味。燒賣大大粒又飽滿，賣相吸引；醬汁方面，鹹豉油偏淡，略帶油份，辣椒油有渣，辛香而不過辣，味道恰好。

屯門龍門居商場地下 25 號 一至日 05:30-13:00（售完即止） 94246994

荃灣
TSUEN WAN

味道 TASTE
★★★★☆

口感 TEXTURE
★★★★☆

醬汁 SAUCE
★★★★☆

賣相 LOOK
★★★★★

性價比 VALUE
★★★★☆

冠華粥麵

KUN WAH CONGEE NOODLE

TOTAL
21 pt

像糯米糍般「肥嘟嘟」

難得的手工燒賣，咬一半可以發現魚肉半透，足料而非死實，口感豐富！皮薄，外皮有光澤，整個像糯米糍般「肥嘟嘟」。豉油偏淡香，辣油有渣，夠香夠辣。建議不需加太多醬料，品嚐本身的魚味。

荃灣石圍角村石芳樓地下 7 號舖 一至日 12:00-01:00 24939681

荃灣
TSUEN WAN

味道 TASTE ★★★☆☆

口感 TEXTURE ★★★★☆

醬汁 SAUCE ★★★★★ 好X麻!

賣相 LOOK ★★★☆☆

性價比 VALUE ★★★☆☆

TOTAL
18 pt

DRINK 歎番杯

隱藏的麻辣燒賣

直接問老闆有無麻辣燒賣，原來是隱藏餐牌。燒賣煙韌有咬口，皮薄但不會一咬即散，皮和肉餡的口感都不錯，加上豉油辣油，賣相有光澤。麻辣汁非常猛，香辣而且超麻，麻足十分鐘，愛吃麻辣之選。

荃灣大壩街 47 號地下 4 號鋪 一至六 08:30-20:00/ 日 12:00-22:00 24999893

荃灣
TSUEN WAN

味道 TASTE ★★★★☆

口感 TEXTURE ★★★★☆

醬汁 SAUCE ★★★★★

賣相 LOOK ★★★★☆

性價比 VALUE ★★★☆☆

TOTAL
20 pt

小廚美食
LITTLE KICHEN

實力級藥膳燒賣

鋪頭細小，燒賣偏貴。然而味道不錯，散發陣陣藥膳味，還有啖啖豬肉。除了外皮較散，其他方面非常不錯。建議不用加太多豉油，可專注品嚐此店麻辣汁，麻辣渣脆口惹味過癮，口感出色。

荃灣西樓角路 202-216 號荃昌中心昌寧商場 1 樓 5A 號鋪 一至六 11:30-19:30/ 日休息 / 公眾假期 營業 60317317

大埔
TAI PO

味道 TASTE ★★★★☆
口感 TEXTURE ★★★★★
醬汁 SAUCE ★★★★☆
賣相 LOOK ★★★★☆
性價比 VALUE ★★★★☆

粉果佬

TOTAL
21 pt

人氣手工燒賣

燒賣非常出色，燒賣皮有驚喜，皮薄嫩滑，一咬即見半透真魚肉，明顯有魚肉味及油香，口感彈牙。豉油偏油，辣油有渣，勁度適中，帶少麻。粒粒不同樣的手工燒賣，現在已經買少見少。

大埔安慈路 4 號昌運中心地下 32 號舖 一至日 12:00-20:30 不詳

大埔
TAI PO

味道 TASTE ★★★☆☆
口感 TEXTURE ★★★★☆
醬汁 SAUCE ★★★★★
賣相 LOOK ★★★★☆
性價比 VALUE ★★☆☆☆

老虎岩（第 6 座）潮式粉麵咖啡

TOTAL
18 pt

豬肉油香潮式風味

燒賣魚肉味不太突出，反而有豬肉油香味。皮薄，餡料跟皮分明有致。餡料有些少鬆散，並非死實。豉油不咸而厚身，辣椒油為潮式風味，有渣，帶少少麻。

大埔東昌街 6-16 號地下 F 鋪連閣樓東昌閣 一、三至五 11:00-18:00 / 六至日 09:00-18:00 / 二休息 26389933

大埔
TAI PO

味道 TASTE ★★★★☆
口感 TEXTURE ★★★☆☆
醬汁 SAUCE ★★★★★
賣相 LOOK ★★★★☆
性價比 VALUE ★★★★☆

TOTAL
20 pt

梅姐香辣小館

川味麻辣觸電感

這是間川味餐廳，店內有陣陣麻辣味。建議嘗試中辣，麻辣油的渣非常多，辣椒蒜頭等配料完全包覆燒賣。燒賣口感煙韌，有魚油香味；外皮偏滑，似蒸太久有點散。吃完後嘴一直麻麻的，有觸電感覺。

大埔寶鄉街 63 號地舖 一至二 12:00-00:00 / 三 - 全日休息 / 四至日 12:00-00:00 不詳

西貢
SAI KUNG

味道 TASTE ★★★★☆
口感 TEXTURE ★★★★☆
醬汁 SAUCE ★★★★☆
賣相 LOOK ★★★★☆
性價比 VALUE ★★☆☆☆

TOTAL
18 pt

林記小食

萬年香口醬汁

細細粒有口感，魚味豐富，有少許麵粉味。建議配萬年豉油和有渣辣椒油，香口之餘為燒賣添上光澤。這間林記和石硤尾林記、紅磡林記是否有關係則未能查證，但燒賣的賣相和味道都非常不同。

西貢福民路 58-72 號高富樓地下 14 號舖 不詳 不詳

馬鞍山
MA ON SHAN

味道 TASTE
★★★★☆

口感 TEXTURE
★★★★☆

醬汁 SAUCE
★★★☆☆

賣相 LOOK
★★★★☆

性價比 VALUE
★★★☆☆

三寶皇

SAMBO KING

TOTAL
18 pt

美食沙漠中的清泉

燒賣自家製，明顯多魚肉，大粒又飽滿，味道跟形態獨一無二。口感軟糯，但不會太淋或太削。醬汁方面有點遜色，豉油普通，辣油尚算香。

馬鞍山恆安商場地下恆安街市 40 號舖 一至日 07:30 - 02:00 不詳

大圍
TAI WAI

味道 TASTE
★★★☆☆

口感 TEXTURE
★★★☆☆

醬汁 SAUCE
★★★★☆

賣相 LOOK
★★★★☆

性價比 VALUE
★★★☆☆

大圍小食

TOTAL
17 pt

熱辣辣香噴噴

魚肉燒賣有油香味，口感煙韌款蒸得剛好，秘製醬汁味道佳，食得出用足料煮，但辣度並不平易近人，怕辣人士注意。豉油一般，偏淡無味。秘製醬汁令賣相加分，令人胃口大增。

大圍富嘉花園 22 號地舖 一至日 07:00-01:30 不詳

土瓜灣
TO KWA WAN

味道 TASTE
★★★★★

口感 TEXTURE
★★★★☆

醬汁 SAUCE
★★★☆☆

賣相 LOOK
★★★★☆

性價比 VALUE
★★★★★

TOTAL
21 pt

永豐潮州食品公司

土瓜灣最強選店

魚肉味重，啖啖肉，質感似魚腐。賣相有點走樣難看，但非常好食。這間還有豬肉燒賣，皮厚大粒，豬肉油香味濃，多冬菇粒，比魚肉款更有咬口。豉油偏淡，辣椒油頗惹味。建議先品嚐魚肉燒賣才食豬肉燒賣。

土瓜灣九龍城道 47A 號 不詳 不詳

觀塘
KWUN TONG

味道 TASTE
★★★★☆

口感 TEXTURE
★★★★★

醬汁 SAUCE
★★★☆☆

賣相 LOOK
★★★★☆

性價比 VALUE
★★★★☆

TOTAL
20 pt

駿運士多

觀塘最強選店

被譽為觀塘最強的駿運士多，多年來燒賣水準依舊，地理位置一流，多人買，轉貨快，絕少蒸過龍。燒賣皮薄有魚味，蒸得剛好，煙韌有口感。豉油厚實帶香，辣油辣味偏弱，可多添。粒粒沾滿醬汁，飽滿亮麗。

觀塘駿業街 60 號地下 不詳 不詳

深水埗
SHAM SHUI PO

味道 TASTE
★★★★☆

口感 TEXTURE
★★★★☆

醬汁 SAUCE
★★★★☆

賣相 LOOK
★★★★☆

性價比 VALUE
★★★★☆

TOTAL
20 pt

金華美食

高質燒賣有保證

估計是金龍來貨，蒸得剛剛好，軟熟有咬口，不是死實。豉油香而不鹹，但要小心辣油很辣！每一粒都掛滿豉油，賣相一流。

深水埗昌華街 20 號金華閣地下 1 號舖 一至日 07:00-21:00 67116062

石硤尾
SHEK KIP MEI

味道 TASTE
★★★★☆

口感 TEXTURE
★★★★☆

醬汁 SAUCE
★★★☆☆

賣相 LOOK
★★★☆☆

性價比 VALUE
★★★★★

TOTAL
19 pt

林記小食
LAM'S SNACK

邨民福食大大粒

白田邨居民真有福。燒賣偏大粒， 煙韌好有油光，略帶胡椒香，十分惹味。豉油辣油有調過味，輕輕帶甜，並非「得個鹹字」。好味抵食，去開白田邨不要錯過。

石硤尾偉智里 1-3 號白田購物中心 G25 號舖 一至日 08:00-21:00 96755522

紅磡
HUNG HOM

味道 TASTE
★★★★☆

口感 TEXTURE
★★★★☆

醬汁 SAUCE
★★★★★

賣相 LOOK
★★★☆☆

性價比 VALUE
★★★★☆

TOTAL
20 pt

適合品味

六粒星醬汁

燒賣味道好香，一打開爐就聞到，夠熱；魚肉和麵粉比例適中 ，煙韌不黐牙，皮薄而不散。麻辣油是自家製作，用了辣椒和黃豆炒，黃豆還炒得入味脆卜卜。

紅磡馬頭圍道37-39號紅磡廣場地下42號舖 星期一至日 09:00-21:00 29810898

黃大仙
WONG TAI SIN

味道 TASTE
★★★★☆

口感 TEXTURE
★★★★☆

醬汁 SAUCE
★★★★★

賣相 LOOK
★★★★★

性價比 VALUE
★★★☆☆

TOTAL
21 pt

廣興車仔擋

車站的泥煤風味

蒸籠夠大，水蒸氣不會焗著燒賣，避免蒸爛。皮薄，口感煙韌，帶濃濃魚香油香。豉油辣油早已混合，咸度辣度非常配搭。吃後，微辣持續近 10 分鐘。

黃大仙小巴站旁
不詳 不詳

油麻地
YAU MA TEI

味道 TASTE
★★★★☆

口感 TEXTURE
★★★★☆

醬汁 SAUCE
★★★☆☆

賣相 LOOK
★★★★☆

性價比 VALUE
★★★☆☆

TOTAL
18 pt

滷味小食

我「蛋」你「蛋」到出爐

意外地等到新鮮出爐燒賣，蒸汽飄飄熱辣辣，非常軟熟有咬口。豉油呈深黑色，稠密香濃而不會過鹹，充分滲透進燒賣皮的摺痕，味道和賣相都一流，只是可惜辣油普普通通，略為失色。

油麻地碧街 35 號
不詳 不詳

九龍城
KOWLOON CITY

味道 TASTE
★★★★☆

口感 TEXTURE
★★★☆☆

醬汁 SAUCE
★★★★☆

賣相 LOOK
★★★☆☆

性價比 VALUE
★★★★☆

TOTAL
18 pt

華昌辦館自助市場

肥油「打晒蠟」

極重油香味，熱辣辣香噴噴；但可能燒賣籠太隱秘沒人買，燒賣蒸過龍，有粉團口感。有秘製咖哩汁，面層油厚，帶有極重麻油香味，偏咸不太辣，令每粒油到「打晒蠟」。

九龍城愛民邨頌民樓 6 號舖 不詳 不詳

北角
NORTH POINT

味道 TASTE
★★★★☆

口感 TEXTURE
★★★★★

醬汁 SAUCE
★★☆☆☆

賣相 LOOK
★★★☆☆

性價比 VALUE
★★★★☆

TOTAL
18 pt

新天中醫診所中藥茶館

SUNTINMEDICINE

體驗深海的味道

可以品嚐到鯊魚味道，性價比不錯。粉團似加了木薯粉，令到燒賣口變得特別煙韌，內餡顏色比一般燒賣更透白。醬汁是來貨的，甜豉油一般，辣椒油則有渣頗夠味，還可加麻油。

北角屈臣道 2 號海景大廈 A 座地下 3 號舖 一至五 10:00-18:30 / 六 10:00-17:30 / 日休息 25578870

北角
NORTH POINT

味道 TASTE
★★★★☆

口感 TEXTURE
★★★★☆

醬汁 SAUCE
★★★★☆

賣相 LOOK
★★★☆☆

性價比 VALUE
★★★☆☆

TOTAL
18 pt

北角四眼妹美食屋

WINNIE YUMMY HOUSE

麻辣四眼妹

行到店外已經聞到陣陣麻辣香，燒賣煙韌夠熱，蒸得剛剛好。辣椒醬麻而不太辣，麻辣渣好惹味，加醬汁後賣相尤其加分，但豉油太多，略覺太鹹。整體不錯，可以一試。

北角電廠街 15 號聯和大廈地下 C1 號舖 一至日 11:00-21:00 96389646

鰂魚涌
QUARRY BAY

味道 TASTE
★★★☆☆

口感 TEXTURE
★★★☆☆

醬汁 SAUCE
★★★★☆

賣相 LOOK
★★★★☆

性價比 VALUE
★★☆☆☆

TOTAL
16 pt

燒賣王

傳說中的薄面皮

燒賣有魚味但唔夠熱辣辣，屬煙韌、薄皮類型。醬汁方面豉油偏油，辣油有渣但不算辣，頗有油香，平均佈滿每粒燒賣，賣相吸引。不過價格偏貴。

📍 鰂魚涌海光街 13-15 號海光苑地下 🕓 不詳 📞 不詳

灣仔
WAN CHAI

味道 TASTE
★★★☆☆

口感 TEXTURE
★★★★☆

醬汁 SAUCE
★★★☆☆

賣相 LOOK
★★★★☆

性價比 VALUE
★★★☆☆

TOTAL
17 pt

辣嗎？美食

寸金尺土的美食

性價比算高，整體水準保持，長期有四五個客人排隊。燒賣質素中上，粒粒飽滿豐腴，麵皮透薄，有魚肉味亦有油香，口感煙韌偏有咬口。雖然店名如此，但醬汁不算辣，甜豉油偏淡。

📍 灣仔灣仔道 177-179 號保和大廈地下 C 舖 🕓 一至日 10:00-22:00 📞 95880369

銅鑼灣
CAUSEWAY BAY

味道 TASTE
★★★★☆

口感 TEXTURE
★★★★★

醬汁 SAUCE
★★★☆☆

賣相 LOOK
★★★☆☆

性價比 VALUE
★★★★☆

TOTAL
16 pt

凝香園
YING HEUNG YUEN

港島糧尾恩物

今日依然可以保持 $10/10 粒。可能為控制成本，選用一般麵團味重的燒賣，口感偏實。豉油普通，辣醬偏甜，不過不失。

銅鑼灣謝斐道 516 號地下 一至六 07:00-17:00 / 日 休息 不詳

銅鑼灣
CAUSEWAY BAY

味道 TASTE
☺☺☺☺☺

口感 TEXTURE
☺☺☺☺☺

醬汁 SAUCE
☺☺☺☺☺

賣相 LOOK
☺☺☺☺☺

性價比 VALUE
☺☺☺☺☺

TOTAL
404 error

宜家家居美食站
IKEA BISTRO

小心中伏

一看賣相就知蒸過龍，燒賣漲得影響口感。內餡只有麵粉味。沒有辣油，豉油一般。最後特別介紹，可加入三款熱狗醬料，還可無限添醬。

銅鑼灣告士打道 310 號柏寧酒店地庫 一至日 10:30-22:30 31250888

圖解
香港燒賣

HONG KONG SIUMAIPEDIA

作者　香港燒賣關注組
點子編輯室

編輯　非鳥
設計　陳希頤
插畫　xm_rocket

出版　點子出版
地址　荃灣海盛路 11 號 One MidTown 13 樓 20 室
查詢　info@idea-publication.com

印刷　CP Printing Limited
地址　香港北角健康東街 39 號柯達大廈二座 17 樓 8 室
查詢　2154 4242

發行　泛華發行代理有限公司
地址　將軍澳工業邨駿昌街 7 號 2 樓
查詢　gccd@singtaonewscorp.com

出版日期　2023 年 8 月 20 日（第四版）
國際書碼　978-988-74811-8-8
定價　$148

點子出版
IDEA PUBLICATION

◆ 感謝閣下對香港燒賣的支持 ◆